U0236289

高等职业教育教材

煤炭气化生产技术

刘春颖　主　编

杨　晶　贾国栋　副主编

赵元琪　主　审

化学工业出版社

·北　京·

内容简介

　　《煤炭气化生产技术》在充分调研多家煤化工企业的基础上，以生产实际需求为导向，按照模块-单元的体系重构教材内容。内容的选取和单元的设计侧重于科技素质、专业素质、职业素质的培养，将知识和技能融入各教学单元中，以学生为主体、以教师为主导，突出职教特色。全书包含 7 个模块、31 个单元，精选企业生产案例，内容涵盖煤炭气化基本原理、气化影响因素、大型空分技术、先进气流床气化技术等。同时，教材通过二维码配套了相关视频、动画资源，可扫码观看，方便教学与自学。

　　本书可作为高职本科、高职专科院校煤化工技术专业及化工技术类专业的教材，也可作为煤化工相关企业在职人员的培训教材。

图书在版编目（CIP）数据

煤炭气化生产技术 / 刘春颖主编；杨晶，贾国栋副
主编. -- 北京：化学工业出版社，2025. 2. --（高等
职业教育教材）. -- ISBN 978-7-122-46865-9

　Ⅰ. TQ546

中国国家版本馆 CIP 数据核字第 2024L8509Q 号

责任编辑：王海燕　　　　　　文字编辑：毕梅芳　师明远
责任校对：宋　夏　　　　　　装帧设计：刘丽华

出版发行：化学工业出版社
　　　　　（北京市东城区青年湖南街 13 号　邮政编码 100011）
印　　装：大厂回族自治县聚鑫印刷有限责任公司
787mm×1092mm　1/16　印张 13　字数 318 千字
2025 年 2 月北京第 1 版第 1 次印刷

购书咨询：010-64518888　　　售后服务：010-64518899
网　　址：http://www.cip.com.cn
凡购买本书，如有缺损质量问题，本社销售中心负责调换。

定　　价：39.00 元　　　　　　版权所有　违者必究

前言

    本书结合我国煤化工发展趋势和煤炭气化生产技术编写而成，以模块为单位，单元为载体，包含 7 个模块、31 个单元，精选企业生产案例，内容涵盖煤炭气化基本原理、气化影响因素、大型空分技术、先进气流床气化技术等。编写之初，调研了多家煤化工企业，参与人员包括厂长、车间主任及技术员等，力求以案例群覆盖知识面，以模块体系构建教学布局，内容的选取和单元的设计贴合煤化工相关专业人才培养方案中对于科技素质、专业素质、职业素质的要求，将知识和技能融入各教学单元中，以学生为主体、以教师为主导，突出职教特色，旨在培养学生的综合能力，使学生了解煤气化生产装置的操作，同时培养学生安全、环保、质量和规范意识等。

    教材现代信息化资源的配置和现代教育技术的运用使学习内容丰富立体，课程的相关视频、动画资源按照模块、单元制作成二维码，学生可直接扫码获取，符合当前信息化教学的要求。

    本书由宁夏工业职业学院刘春颖担任主编，宁夏工业职业学院杨晶和宁夏工商职业技术学院贾国栋担任副主编，宁夏工业职业学院丁小姣、彭桂莲参编。各模块编写分工如下：模块一、模块二、模块三的单元 3～8 及模块四由刘春颖编写；模块三的单元 1 和单元 2 由丁小姣编写；模块五由彭桂莲编写；模块六由杨晶编写，模块七由贾国栋编写。课程多媒体资源由刘春颖和彭桂莲制作。国家能源集团宁夏煤业有限责任公司煤制油分公司气化厂厂长赵元琪为教材主审，对教材内容的科学性、专业性进行了审核。

    同时，感谢北京东方仿真软件技术有限公司和北京欧贝尔软件技术开发有限公司，在教学资源和教学软件方面提供的大力支持。

    由于编者水平有限，书中不妥之处恳请广大读者批评指正。

编者

2024 年 10 月

目录

模块六
化工仿真模拟训练 // 147

模块七
岗位危害因素分析及防护 // 164

附录 // 175

配套二维码资源目录

课程导入

　　能源是人类社会赖以生存和发展的重要物质基础，我国化石能源禀赋是"富煤、贫油、少气"。截至 2020 年，我国原油对外依存度为 73%，天然气对外依存度为 43%，煤炭消费占比为 56.8%，占绝对主导地位。作为最丰富的化石能源品种，煤炭占我国已探明化石能源资源总量的 97% 左右，按照当前规模仍可开发 100 年以上。煤炭能源作为我国能源主体，在相当长的时期内，仍将保持相当强的竞争优势，在新时代的能源体系中发挥着"稳定器""压舱石"的作用。"十四五"期间，煤炭仍占到我国一次能源消费的一半以上。我国石油资源相对匮乏，供需矛盾日益突出，炼油工业本身存在结构性缺陷，主要体现在石油总量不足，且油质偏重。为保障能源供应的安全，我国不断拓展进口渠道，但仅能维持燃油的基本需求，对化工基础原料的供应难以提供有效保障。结合我国能源的国情，发展煤化工是中国石油替代战略的必然选择。从能源供给的长远战略性及安全考虑，我们不能只考虑煤化工的眼前经济利益，即使没有高油价，我国也应该发展煤化工，以弥补石油化工的结构性缺陷，充分利用煤炭资源的优势，调整我国能源供给结构。

　　传统煤化工领域，如煤焦化、煤电石、合成氨、煤制甲醇等领域，均具有高能耗、高排放、高污染、产品技术含量低、资源利用效率低等诸多缺陷，在环保日益成为行业壁垒、发展循环经济成为共识的大环境下，煤化工行业发展应秉承低碳和可持续发展原则，进行传统煤化工技术的大升级、产业结构的大调整，以促进产业绿色发展。

　　党的二十大报告提出，深入推进能源革命，加强煤炭清洁高效利用，加快规划建设新型能源体系。煤炭的清洁高效利用是煤炭产业发展的必由之路。如今煤化工产业正由传统产业向现代煤化工产业转型。现代煤化工产业以大型煤气化为龙头，以碳一化工技术为基础，合成、制取各种化工产品和燃料油的煤炭洁净利用技术，在环保、煤种适应性和煤利用效率等方面更具优势，是经济发展的热点产业，可以减少对石油资源的高度依赖，并可有效解决交通、火电等重要耗能行业的污染和排放等问题。

　　煤气化是发展新型煤化工不可或缺的单元，是煤化工产业源头和基础，对推进煤炭的清洁生产利用具有重要意义。如图 0-1，除了通过煤直接液化制取油品外，通常煤炭需要在高温下先气化，将固态煤转化成合成气，再以合成气为原料来制取甲醇、合成油品、天然气等第一级产品，还可再以甲醇为原料制得乙烯、丙烯等第二级化工产品。作为煤化工产业链中的"龙头"装置，煤气化装置具有投入大、可靠性要求高、对整个产业链经济效益影响大等诸多特点。

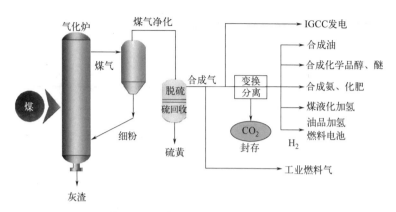

图 0-1　以煤气化为基础的产业结构

目前国内外气化技术种类繁多，各种技术都有其特点和特定的适用方向和场合，它们的工业化应用程度及可靠性不同，选择与煤种及下游产品相匹配的煤气化技术，是煤化工产业发展中非常重要的环节。国内先进煤气化技术起步较晚，且国外先进气化技术引进后，在本土化应用中出现诸多"水土不服"现象，近年来随着对相关技术的消化和认识，我国加快了自主开发气化技术的速度，如国内自主知识产权多喷嘴对置式水煤浆气化技术、航天炉气化技术、清华炉气化技术等。考虑到国内煤种、煤质的复杂多样性，研发适合灰熔点高、中强黏结性煤种的气化技术是一个重要方向。我国气化技术研究趋向于使以往难以化工利用的高灰分、高灰熔点煤种得到合理的资源最大化利用，以增加经济效益，促进煤化工产业和相关煤炭资源地区经济的发展。

模块一

煤气化过程分析及方法选择

学习目标

通过对气化方法的选择和分析，掌握各类气化方法的特点及分类依据、气化的影响因素；理解气化过程主要评价指标；掌握适合现代煤化工发展的气化方法应具备的主要特点。

能够归纳总结各类气化方法的特点，熟悉主流气化方法的特有优势及操作特性。

学习导入

本模块是该门课程第一阶段的内容，本阶段主要目的是对煤炭气化分类方法进行梳理、分析，选择出适合现代煤化工产业情况的主流气化方法，并能够说明原因，同时对选择的这类方法中加煤、排灰的过程、原理进行分析。

单元1 分析影响气化的因素

本单元我们将对气化原理进行学习、同时对影响气化的主要因素进行分析，深刻认识各类因素对气化过程影响的利弊，为后续选择气化方法奠定知识基础。

课前预习

> 1. 气化原理。
> ① 气化剂（2种）：_____。
> ② 气化煤气主要有效成分（4种）_____。
> ③ 燃烧反应式（2个）：_____；_____。
> ④ 气化反应式（2个）：_____；_____。
> ⑤ 甲烷化反应式（2个）：_____；_____。
> 2. 影响气化的因素。
> ① 挥发分

煤气作为燃料气时：_____（高/低）；总结原因：_____。

煤气作为合成气时：_____（高/低）；总结原因：_____。

② 煤的反应性

结论：_____（高/低）有利；总结原因：_____。

③ 硫分

结论：_____（高/低）有利；总结原因：_____。

④ 灰分

灰分高不利方面总结：_____。

灰分高有利方面总结：_____。

⑤ 灰熔点

固态排渣时选：_____（高/低）；总结原因：_____。

液态排渣时选：_____（高/低）；总结原因：_____。

⑥ 煤的黏结性：_____（强/弱）黏结性不利于气化。

⑦ 温度：_____（升高/降低）温度对主反应有利，利于 CO 和 H_2 生成。

⑧ 压力：_____（加压/常压）气化，生产能力高；

_____（升高/降低）压力，利于 CH_4 和 CO_2 生成，不利于 CO 和 H_2 生成。

⑨ 水分：根据不同炉型和气化条件选择煤的含水量指标。

⑩ 煤种：结合气化方式、气化炉结构以及可利用资源综合考虑。

⑪ 煤粒度：依据气体流速综合考虑（粒度大传热慢，加大残炭损失；粒度太小气流带出量大）。

📁 知识准备

一、煤炭气化的基本概念

如图 1-1，煤炭气化是在一定温度、压力条件下，用气化剂将气化原料中的有机物转变为煤气的过程。煤炭气化原料是指煤或煤焦，气化剂是指氧气（空气、富氧或纯氧）、水蒸气或氢气等。

M1-1 什么情况下
用氢气作气化剂

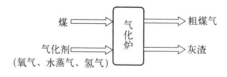

图 1-1 气化示意图

气化所需具备的三个条件为主体设备气化炉、气化剂和供给热量，三者缺一不可。最终得到的气化产品为气化煤气，主要有效成分为 CO、H_2、CO_2、CH_4 等。煤气用途不同，通常对煤气各成分相对含量要求有较大差异。煤气有效成分可作合成气、燃料气和化工原料气体等。粗煤气中还含有水、硫化物、烃类产物以及卤化物和氢氰酸等微量成分。

二、煤炭气化的基本原理和基本反应

煤炭气化过程是一系列物理、化学变化过程。可分为干燥、热解、气化和燃烧四个阶段。干燥属于物理变化，随着温度的升高，煤中的水分受热蒸发；其他属于化学变化。

煤在固定床气化炉中反应较慢，四个阶段变化相对明显，煤在气化炉中干燥后，随着温度的升高发生热分解反应，生成大量挥发性物质（干馏煤气、焦油和热解水等），煤热解生成半焦。半焦随着温度的升高与通入气化炉的气化剂发生气化反应，生成以一氧化碳、氢气、甲烷及二氧化碳、硫化氢、水等为主要成分的气态产物粗煤气。

煤在气流床气化炉中反应较快，煤在高温火焰中迅速反应，反应过程无明显界限，几乎是同时完成，反应迅速达到平衡。

1. 煤气化基本反应

燃烧反应：

$$C+O_2 =\!=\!= CO_2 \qquad \Delta H_r = -394kJ/mol \qquad (1\text{-}1)$$

$$H_2+1/2O_2 =\!=\!= H_2O \qquad \Delta H_r = -21.8kJ/mol \qquad (1\text{-}2)$$

$$C+1/2O_2 =\!=\!= CO \qquad \Delta H_r = -111kJ/mol \qquad (1\text{-}3)$$

气化反应：

$$C+CO_2 =\!=\!= 2CO \qquad \Delta H_r = 173kJ/mol \qquad (1\text{-}4)$$

$$C+H_2O =\!=\!= CO+H_2 \qquad \Delta H_r = 135kJ/mol \qquad (1\text{-}5)$$

$$C+2H_2O =\!=\!= CO_2+2H_2 \qquad \Delta H_r = 75.37kJ/mol \qquad (1\text{-}6)$$

甲烷化反应：

$$C+2H_2 \longrightarrow CH_4 \qquad \Delta H_r = -84.3kJ/mol \qquad (1\text{-}7)$$

$$CO+3H_2 \longrightarrow CH_4+H_2O \qquad \Delta H_r = -219.3kJ/mol \qquad (1\text{-}8)$$

变换反应：

$$CO+H_2O =\!=\!= CO_2+H_2 \qquad \Delta H_r = -41kJ/mol \qquad (1\text{-}9)$$

除以上燃烧反应、气化反应、甲烷化反应、变换反应外，还有无机组分（S、N、灰分）的反应，如硫元素的反应：$S+O_2 =\!=\!= SO_2$、$SO_2+3H_2 =\!=\!= H_2S+2H_2O$、$SO_2+2CO =\!=\!= S+2CO_2$、$2H_2S+SO_2 =\!=\!= 3S+2H_2O$ 和 $C+2S =\!=\!= CS_2$、$CO+S =\!=\!= COS$ 等；氮元素的反应：$N_2+3H_2 =\!=\!= 2NH_3$、$N_2+H_2O+2CO =\!=\!= 2HCN+1.5O_2$ 和 $N_2+xO_2 =\!=\!= 2NO_x$。

在以上反应中生成许多硫及硫的化合物，它们的存在可能会造成对设备的腐蚀和对环境的污染，而且煤气作为合成气时，如合成甲醇，含有的 H_2S 等硫化物会使合成过程使用的金属催化剂中毒。

根据以上反应可以看出，煤炭气化是很复杂的，但总过程，可用下式来表达：

$$C_nH_mO_xN_yS_z \longrightarrow C+CH_4+CO+CO_2+H_2+NH_3+HCN+H_2S+COS+\cdots\cdots$$

$$(1\text{-}10)$$

2. 作用较大的反应

上述反应中气化反应意义最大，即水蒸气和炭的反应以及二氧化碳被炭还原的反应意义最大，此类反应为强吸热反应，是气化过程中很重要的产气反应。而燃烧反应 $C+O_2 \longrightarrow CO_2+Q$ 和 $2C+O_2 \longrightarrow 2CO+Q$ 为强放热反应，为以上的气化吸热反应提供了必需的热量。供热反应：$C+O_2 \longrightarrow CO_2+Q$ 和 $2C+O_2 \longrightarrow 2CO+Q$ 与吸热反应：$C+H_2O \longrightarrow$

$CO+H_2-Q$ 和 $C+CO_2 \longrightarrow 2CO-Q$ 组合在一起，对自热式气化过程具有重要的作用。

从以上化学方程可以看出，气化技术本质是用氧气助燃，提供气化所需的热量，但氧气供给是不足以使煤完全燃烧转化成终极燃烧产品二氧化碳和水的，否则就得不到产品煤气，那么煤炭气化就没有意义了。当氧气供给不足时，热炭会与水蒸气反应，也会与二氧化碳反应，生成我们所需的煤气产品中的有效成分一氧化碳和氢气，而一氧化碳和氢气适合作合成气，用来作二次原料，合成甲醇、烯烃和油品等。

3. 反应类型

使用不同的气化剂可得到不同种类和成分的煤气，但主要化学反应基本相同。其反应有如下类型：

一次反应和二次反应：碳与气化剂之间的反应为一次反应（如反应 $C+O_2 \Longrightarrow CO_2+Q$），反应得到的产物再与碳或者其他气态产品再发生二次反应（如反应 $C+CO_2 \Longrightarrow 2CO-Q$）。当然气化过程不仅仅限于二次反应。

均相反应和非均相反应：非均相气-固反应，如 $C+H_2O \Longrightarrow CO+H_2-Q$；均相气-气反应，如 $CO+H_2O \Longrightarrow CO_2+H_2+Q$。

吸热反应和放热反应：放热反应可为吸热反应提供热量，促进吸热反应的进行。气化剂氧气参与的反应均为放热反应，对自热式气化供热起了关键作用。

三、煤种对气化的影响

假若排除工艺设备和工艺条件的影响，那么影响煤炭气化的重要因素就是原料了。不同煤种的组成和性质差别较大，即使是同种煤种，成煤条件不同，其性质差别也很大。煤的组成、结构、煤阶之间的差别都会影响和决定煤炭气化过程，影响气化结果。为了有效控制实际生产过程，可以通过改变煤种来获得优质、经济的煤气。

1. 煤种对煤气的组成、热值和产率的影响

（1）对组成和热值的影响

煤气的热值是指，$1m^3$（标准状况）煤气在完全燃烧时所放出的热量称热值，如果燃烧产物中的水以气态形式存在称低热值，如果水分以液态形式存在称高热值。

相同的操作条件下，不同的煤种所产煤气的组成不同，热值也不尽相同。例如褐煤的变质程度低、挥发分高，气化煤气中干馏气占比很大，而干馏气中的甲烷含量高。再者，年轻煤的气化温度低，也有利于甲烷的生成，所以年轻的褐煤气化时所制得的煤气甲烷含量高，热值比其他煤种都高。随着变质程度的提高，煤的挥发分逐渐降低，同一操作压力下，煤气热值由高到低的顺序依次是褐煤、气煤、无烟煤（压力越大，同一煤种制取的煤气的热值越高）。

气化用煤可分为四类。一是气化时不黏结也不产生焦油，所生产的煤气中只含有少量的甲烷，不饱和碳氢化合物极少，但煤气热值较低，如无烟煤、焦炭、半焦和贫煤等；二是气化时黏结并产生焦油，煤气中的不饱和烃、碳氢化合物较多，煤气净化系统较复杂，煤气的热值较高，如弱黏结或不黏结烟煤等；三是气化时不黏结但产生焦油，如褐煤；四是气化时不黏结，能产生大量的甲烷，如泥炭。

（2）对煤气产率的影响

一般来说，煤中挥发分越高，转变为焦油的有机物就越多，煤气的产率就会下降；此外，随着煤中挥发分的增加，粗煤气中的二氧化碳增加，因此在脱除二氧化碳后净煤气产率下降得更快。

2. 煤种对消耗指标的影响

煤炭气化过程主要是煤中的碳和水蒸气反应生成氢，这一反应需要吸收大量的热量，该热量通过炉内的碳和氧气燃烧放出的热量来维持，气化剂中氧气的消耗量主要取决于这类吸热的制气反应所需要热量的多少，这样就产生了水蒸气、氧气等指标的消耗。

不同煤种消耗指标的规律：随着变质程度的加深（从泥炭、褐煤、烟煤到无烟煤）煤中碳的质量分数增加，如泥炭中碳含量为 50%～60%，褐煤为 60%～70%，烟煤为 74%～92%，无烟煤为 90%～98%，碳含量增加在气化时所消耗的水蒸气、氧气等气化剂的量也会相应增加。

不同煤种的活性不同，高活性的煤有利于甲烷的生成，相应消耗的氧气少一些。煤中水分、灰分含量越高，气化时消耗的热量越多，氧耗也高一些。

3. 煤种对焦油组成和产率的影响

煤焦油产率与热解条件、加工工艺和煤的变质程度等多项因素有关，其中随着煤变质程度的增加，煤焦油的产率会发生显著变化。变质程度浅的煤（如褐煤）通常含有较高的挥发分，因此在高温下容易分解产生大量的气体和液体产物，包括焦油。

变质程度适中的煤（如气煤和长焰煤），挥发分含量适中，且具有一定的黏结性，在高温下，通常能够形成一定强度的焦炭，并且产生相对较多的焦油。

变质程度深的煤（如烟煤和无烟煤），随着变质程度的加深，煤中的挥发分大幅度减少，固定碳含量显著增加，在高温下，主要产生的是焦炭和少量的气体产物，而焦油产率则显著降低。特别是无烟煤，由于其极高的固定碳含量和极低的挥发分含量，几乎不产生焦油。

四、煤的组成对气化的影响

1. 水分

煤中水分存在形式有以下几种。

① 外在水分：是在煤的开采、运输、储存和洗选过程中润湿在煤的外表面以及大毛细孔而形成的；

② 内在水分：吸附或凝聚在煤内部较小的毛细孔中的水分，失去内在水分的煤为绝对干燥煤；

③ 结晶水：以硫酸钙、高岭土等形式存在，通常大于 200℃以上才能析出。

（1）水分对常压气化的影响

常压气化，气化用煤中水分含量过高，会降低气化段的温度，降低煤气的产率和气化效率。气化用煤中水分含量过高，煤料未经充分干燥就进入干馏层，会影响干馏的正常进行，而没有彻底干馏的煤进入气化段后，又会降低气化段的温度，使得甲烷的生成反应和二氧化碳、水蒸气的还原反应速率显著减小，降低煤气的产率和气化效率。

（2）水分对加压气化的影响

加压气化，适量的水分可使气化速度加快，生成的煤气质量较好。

加压气化对炉温的要求比常压气化炉低，而炉身一般比常压气化炉高，有较高的干燥层，允许进炉煤的水分含量高。适量的水分对加压气化是有好处的，水分高的煤，往往挥发分较高，在干馏阶段，煤半焦形成时的气孔率大，当其进入气化层时，反应气体容易通过内扩散进入固体内部，因而气化的速度加快，生成的煤气质量也好。

（3）水分对固定床气化的影响

一般生产中，煤中水分含量在 $8\%\sim10\%$ 左右。

气化炉顶部温度必须高于煤气的露点，避免液态水出现，煤气中水分含量太高，入炉煤需要进行预干燥以降低煤气的露点；煤中水分含量太高而加热的速度又太快时，煤中水分逸出太快，容易使煤块碎裂而引起出炉煤气的含尘量增高；煤气中水含量高时，在后续工段的煤气冷却过程中，会产生大量的废液，增加废水处理量。

（4）水分对流化床和气流床气化的影响

煤的含水量小于 5%，烟煤的气流床气化法干法加料要求水分含量应小于 2%。

采用流化床和气流床气化时，固体颗粒粉碎的粒度很小，过高的含水量会降低颗粒的流动性，因而规定煤的含水量小于 5%。尤其对烟煤的气流床气化法，采用干法加料时，要求原料煤的水分含量应小于 2%，以便粉煤的气动输送。

2. 挥发分

挥发分是指煤在加热时逸出的煤气、焦油和热解水等。这些气体在气化煤气中可增加煤气热值。煤气的用途不同气化用煤对挥发分的大小要求不一。

当煤气作为燃料时，要求甲烷含量高、热值大，可以选用挥发分较高的煤作原料，在所得的煤气中甲烷的含量较大。

当制取的煤气作为工业生产的合成气时，一般要求使用低挥发分、低硫的原料，因为年轻的煤种挥发分高，生产的煤气中焦油产率高，而焦油容易堵塞管道和阀门，给焦油分离带来一定的困难，同时也增加了含氰废水的处理量。更重要的是，对合成气来讲甲烷可能是一种有害气体。例如，合成氨用煤气，要求氢气含量高，而此时甲烷变成了一种杂质，含量不宜太高，一般要求挥发分小于 10%。

3. 硫分

气化用燃料中硫含量应越低越好，环保压力之下，低硫煤更受青睐，硫分的危害主要体现在以下几个方面。

① 会增加煤气含硫量：煤在气化时，其中 $80\%\sim85\%$ 的硫以 H_2S 和 CS_2 的形式进入煤气，增加煤气含硫量，会加重煤气脱硫的负担。

② 会造成环境影响：如果制得的煤气用于燃料时，如作为城市民用煤气，其硫含量要达到国家标准，否则燃烧后大量的 SO_2 会排入大气，污染环境。

③ 会使催化剂中毒：作为合成原料气时，硫化物的存在会使得合成催化剂中毒，煤气中硫化物的含量越高，后工段脱硫的负担会越重。

4. 灰分

将一定量的煤样在 $800℃$ 的条件下完全燃烧，残余物即灰分，反映了煤中矿物质含量的大小，灰分的存在是影响气化过程正常进行的主要原因之一。

（1）灰分不利的影响

① 灰渣中碳损失：在气化过程中熔化的灰分将未反应的原料颗粒包裹起来而随着灰分排出，造成碳的损失。另外，当煤中的灰分多时，会导致炉内结渣增加的负面影响。灰分的大量增加，不可避免地增加了炉渣的排出量，随炉渣排出的碳损耗量也必然增加。气化时由

于少量碳的表面被灰分覆盖，气化剂和碳表面的接触面积减少，降低了气化效率。

② 灰渣对环境的影响：煤中矿物质含许多成分，在气化中会产生污染。如重金属（As、Cd、Cr、Ni、Pd、Se、Sb、Ti、Zn）的化合物可能升华；强碱金属盐在 1350K 以上时会挥发；当氧气充足或不足时会形成 SO_X 或 H_2S、COS、CS_2 等含硫化合物。

③ 增加气化的消耗：我们不能把灰分简单看成"惰性"物质，在气化中它会消耗反应热，灰分每增加 1%，氧耗增加 0.7%～0.8%，煤耗增加 1.3%～1.5%，使净煤气的产率下降。

④ 磨损设备：灰分会影响水煤浆成浆，增加对耐火砖的侵蚀和磨损，以及对阀门、管道、设备的磨损，造成堵塞，影响运行。

低灰的煤种无疑是有利于煤气化生产的，同时能提高气化效率，生产出优质煤气，但低灰煤价格高，使煤气的综合成本上升。采用哪一种原料，应综合考虑成本和高效合理利用煤炭资源，并结合具体的气化工艺和当地的煤炭资源。

（2）对灰分的要求

因灰分含量高会给气化反应过程带来许多不利影响，因而煤中的灰分最好<15%，加压操作时，气化剂的浓度高，扩散能力强，能够透过煤灰表面与碳进行较为完全的反应，灰分可高达 55% 左右而不至于影响生产的正常进行。不同的气化工艺对灰分要求也不同，但总体来说，灰分越小越好，总体效率会提高。但干粉水冷壁型气化炉要高点，一般要求控制在 25% 以下，如果灰分过低，气化炉挂渣就成了一个问题。

（3）灰熔点和结渣性

煤灰熔融性是气化用煤的重要指标，煤灰熔融性又称灰熔点。灰熔点就是灰分软化、熔融时的温度。

M1-2　灰熔点和结渣性

煤灰是由各种矿物质组成的混合物，没有固定的熔点，但有一个熔化温度范围。灰熔点的测定常用角锥法，即将煤灰与糊精混合塑成三角锥体，放在高温炉中加热，根据灰锥形态变化确定 DT（变形温度）、ST（软化温度）、半球温度（HT）和熔化温度（FT）。一般用 ST 评定煤灰熔融性。煤灰熔融性和煤灰黏度是气化用煤的重要指标。

煤炭气化时的灰熔点有两方面的意义：一是采用固态排渣气化炉，正常操作时不致使灰熔融而影响正常生产的最高温度，气化温度要低于此温度；二是采用液态排渣的气化炉，要保证灰分呈熔融态具有流动性，气化温度必须超过此温度。煤灰的熔融性取决于煤灰的组成，而煤灰成分十分复杂，其组成如表 1-1 所示。

表 1-1　典型灰渣组成（质量分数 ω）

组成	SiO_2	Al_2O_3	TiO_2	Fe_2O_3	CaO	MgO	K_2O	Na_2O	P_2O_3
含量/%	37～60	16～33	0.9～1.9	4～25	3～15	1.2～2.9	0.3～3.6	0.2～1.9	0.1～2.4

一般煤灰中酸性组分 SiO_2、Al_2O_3、TiO_2 和碱性组分 Fe_2O_3、CaO、MgO、Na_2O 等的比值越大，灰熔点越高。Al_2O_3 含量增加则灰熔点升高；CaO 和 Fe_2O_3 均起降低灰熔点的作用；煤灰中 K_2O、Na_2O 也能显著降低灰熔点，但在高温下具有很强的催化作用；使煤灰挥发，促进熔点很低的共熔体的形成。实际生产常以 CaO 作助熔剂，但随着 CaO 含量的增加，灰熔融流动温度值先下降后升高，故助熔剂 CaO 的添加量应适度，过量会适得其反，

目前助熔剂添加量需要经验获得。

结渣的危害：结渣性是指在气化和燃烧过程中由于温度较高，灰分可能熔融成黏稠性物质并结成大块。对于固定床气化，其危害有下面三点：一是影响气化剂的均匀分布，使排灰困难；二是为防止结渣采用较低的操作温度，需要增加水蒸气用量来拉低炉温，从而影响了煤气质量和产量；三是气化炉的内壁由于结渣而缩短了寿命。对于液态排渣的气化炉来说，一般操作温度在煤灰熔点以上 50℃～100℃，这样才能保证排渣工作正常运行。

煤的结渣性与灰熔点有一定的关系，但需要说明的是，生产实践表明，灰熔点有时并不能完全反映煤在气化时的结渣情况。确切地讲，煤的结渣性除与煤的灰熔点有关外，还与煤中灰分含量有关，当然，气化炉的操作条件也是影响结渣性的重要因素。

因灰熔点和结渣性的关系，气化炉不同排渣方式对气化原料煤灰熔点的要求不同，同时气化操作温度维持原则也不尽相同。

固态排渣气化：操作温度要低于灰熔点，一般灰熔点越高，灰分越难结渣，相反，灰熔点越低，灰分越易结渣。对于灰熔点低的煤，为防止结渣，要加大水蒸气的用量，使气化温度维持在灰熔点以下，故炉温的升高受到灰熔点的限制；对于灰熔点高的煤种，可采用较高的操作温度。

液态排渣气化：液态排渣却相反，操作温度要高于灰熔点，灰熔点越低越好（但水冷壁型气化炉灰熔点太低会影响水冷壁挂渣情况），但要保证灰渣有一定的流动性，其黏度应小于 25Pa·s，黏度太大，液渣的流动性变差，还有可能出现结渣。

（4）灰渣的黏温特性

灰渣的黏温特性是指煤的灰分在不同温度下熔融时，液态灰所表现的流动性。黏温特性对气化来讲是很重要的指标，对液态排渣影响较大。就液态排渣而言，要求灰渣的黏度要小，流动性要好。由于黏温特性差，液态渣在流动过程中随着温度的降低，黏度直线上升，灰渣流动性减弱，形成挂渣，容易堵塞灰渣下降通道，给停炉后的清理工作带来很大困难，严重时甚至导致串气停车。液态排渣气化炉要求灰渣黏度在 10～25Pa·s 范围内，黏温特性平缓，意味着温度波动较大时，灰渣黏度变化不大，对应的温度区间范围较宽，才易于操作。

当灰分化学组成不同时，其矿物质组成也不同，因而灰渣在高温下表现的物性特征也有很大的差别。通过煤灰的熔融性可以粗略地判断灰渣的流动性，因煤灰的熔融性与灰渣中化学组成有关，故煤灰中化学组成对灰渣黏度亦有一定的影响。

改变煤灰黏度的方法有两种：一是加助熔剂；二是合理配煤，也就是根据气化炉的操作条件，确定合适的黏度，根据黏度经验公式，大致估算出混合煤中各组分的含量，进而根据指标配煤。

（5）灰分的熔聚性

实验证明，在还原气氛中，灰分在低于软化点约 100℃时，就会产生液态物质将其他未熔化的晶体黏聚起来，形成具有一定强度的熔聚物。灰分的熔聚行为是灰熔聚气化法的一个重要指标。

5. 固定碳

固定碳是煤干馏后焦炭的主要成分。在结构上可能是稠密或多孔的，在质地上可能是硬的或软的，在反应上可能是活泼的或不活泼的，所以固定碳的性质与原料的性质、压力、加热速度及加热终温等条件有关。

五、煤的理化性质对气化的影响

1. 煤的黏结性

（1）强黏结的煤不宜用于气化

一般结焦或较强黏结的煤不用于气化过程（尤其是固定床气化过程）。适用的气化用煤是不黏结或弱黏结性煤（由于气流床气化炉内，煤粒之间接触甚少，故可使用黏结性煤）。

黏结性煤在气化时，干馏层形成胶质体，即一种黏性胶状流动物，这种物质有黏结煤粒的能力，使料层的透气性变差，阻碍气体流动，会出现炉内崩料或架桥现象，使煤料不易往下移动，导致操作恶化。

（2）破黏方法

为破坏煤的黏结性，一是在煤气发生炉上部设置机械搅拌装置，并在搅拌装置上面安装一起旋转的布煤器，可以降低和破坏煤的黏结能力并使煤在炉膛内分布均匀；二是对原料煤进行瘦化处理，当煤黏度较大时，混配一些无黏结性的煤或灰渣来降低黏结性。

2. 煤的热稳定性

煤的热稳定性是指块煤在高温下燃烧和气化过程中对热的稳定程度，即块煤在高温下保持原来粒度的能力。热稳定性主要对固定床气化过程有影响。热稳定性差的煤在气化时，随着气化温度升高，煤易碎裂成煤末和细粒，对固定床内的气流均匀分布和正常流动造成严重的影响。

无烟煤的热稳定性较差，一般不宜在固定床气化炉中使用。

3. 煤的机械强度

煤的机械强度是煤抗碎、抗磨和抗压等性能的综合体现。固定床气化炉，煤的机械强度影响灰带出量和气化强度；流化床气化炉，煤的机械强度影响流化床层中是否能保持煤粒大小均匀一致的状态；气流床气化炉，煤的机械强度对生产操作不会产生太大影响，反而节约磨煤的能耗。

4. 煤的粒度

煤的粒度越小，其比表面积越大，煤有许多内孔，所以比表面积与煤的气孔率有关。当煤粒较小时，煤粒的接触反应面积增大，煤的气化反应较完全，但是，会使炉内料层的气流阻力增大，不利于炉况稳定（针对固定床气化），而且还会使炉出煤气中夹带较多的煤尘，造成设备或管道堵塞；当煤粒过大时，其结果正好相反，亦不利于炉内煤料的完全气化。

为了控制煤的带出量，气化炉实际生产能力有一个上限，对加压气化而言，粉煤带出量不应超过入炉煤总量的 1%，固定床气化限制 2mm 的煤粒不被带出，炉内上部空间煤气的实际速度最大为 0.9～0.95m/s。

气化炉内某一粒径的颗粒被带出气化炉的条件是：气化炉内上部空间气体的实际气流速度大于颗粒的沉降速度。当气化炉的生产能力低（即 V 小）、气化压力高（即 p 大）时，煤气的实际流速小。随煤气流速的减小被带出气化炉的颗粒粒度减小，颗粒总带出量减小。

入炉煤颗粒的直径除考虑颗粒的带出速度外还与气化用炉型及使用的具体煤种有关。固定床气化炉：煤的粒度 6～50mm，粒度应该均匀合理，细粉煤比例不应太大，可将细粉煤制成煤球使用；流化床气化炉：一般要求煤的粒度为 3～5mm，并且分布要窄，如果原料粒度太小，加上煤粒间的摩擦形成细分，会使煤气中带出物增多，若粒度太大，则挥发分逸出会受到阻碍；气流床气化炉：要求小于 0.1mm，即至少 70%～90% 小于 200目的粉煤。

5. 煤的反应性

煤的反应性是指在一定条件下，煤炭与不同气化介质（如二氧化碳、氧、水蒸气和氢）相互作用的反应能力。反应性高的有利影响有：一是利于甲烷的生成。当制天然气时，有利于甲烷的生成反应。二是降低了氧气的耗量。反应性高的煤在低温下也可与水蒸气进行反应，同时还进行甲烷生成的放热反应，可减少氧气耗量。三是容易避免结渣现象（主要针对固定床气化而言），在灰熔点相同情况下，活性较高的原煤由于气化反应可在较低温度下进行，可避免结渣现象。总之，不论何种气化工艺，煤活性高总是有利的。

六、工艺条件对气化反应的影响

影响煤的气化反应的因素很多，其中工艺条件影响很大。选择工艺条件，就要分析煤炭气化过程的化学平衡和反应速率。在煤炭气化中，有相当多的反应为可逆反应，特别是在二次反应中，它们会涉及化学平衡问题。可以用以下方程来表示气化过程的反应和化学平衡问题：

$$mA+nB \Longrightarrow pC+qD \tag{1-11}$$

正反应速率：$v_{正}=k_{正}[p_A]^m[p_B]^n$

逆反应速率：$v_{逆}=k_{逆}[p_C]^p[p_D]^q$

化学平衡时：$v_{正}=v_{逆}$

$$K_p=\frac{k_{正}}{k_{逆}}=\frac{[p_C]^p[p_D]^q}{[p_A]^m[p_B]^n} \tag{1-12}$$

式中 K_p——化学反应平衡常数；

   p_i——各气体组分的分压（i 代表物质 A、B、C、D），kPa；

$k_{正}$、$k_{逆}$——为正、逆反应速率常数。

1. 温度的影响

温度是影响气化反应的重要因素，温度和气化反应化学平衡的关系如下：

$$\lg K_p=\frac{-\Delta H}{2.303RT}+C \tag{1-13}$$

式中 R——气体常数，8.314kJ/(kmol·K)；

   T——热力学温度，K；

   ΔH——反应热效应，放热为负，吸热为正；

   C——常数。

从式中可以看出，若 $\Delta H<0$，为放热反应，温度升高，K_p 值将变小，这类反应降低反应温度有利于反应的进行；若 $\Delta H>0$，为吸热反应，温度升高，K_p 值将增大，这类反应升高反应温度有利于反应的进行。

如反应 $C+H_2O \Longrightarrow CO+H_2-Q$，$\Delta H=135.0$kJ/mol 和 $C+CO_2 \Longrightarrow 2CO-Q$，$\Delta H=173.3$kJ/mol，均为吸热反应，升高温度化学平衡向吸热反应方向移动，有利于反应

向正反应方向进行，即生成 CO 和 H_2 的方向，所以升高温度有利于主反应。

2. 压力的影响

压力对于液相反应影响较小，但对于有气相参与的反应平衡的影响是比较大的。根据化学平衡原理，增大压力，平衡向气体体积减小的方向进行；反之，降低压力，平衡向气体体积增大的方向进行。

图 1-2 为粗煤气组成（体积分数）与气化压力的关系，可见压力对煤气中各气体组成的影响不同。

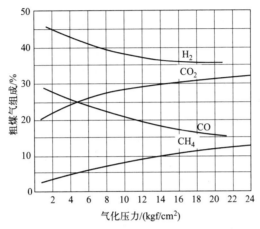

图 1-2　粗煤气组成与气化压力的关系（$1kgf/cm^2 \approx 98.07kPa$）

随着压力的增加，粗煤气中甲烷和二氧化碳含量增加，而氢气和一氧化碳含量则减少。

$$2C+O_2 =\!=\!= 2CO+Q$$
$$C+H_2O =\!=\!= CO+H_2-Q$$
$$C+CO_2 =\!=\!= 2CO-Q$$
$$C+2H_2 =\!=\!= CH_4+Q$$
$$CO+3H_2 =\!=\!= CH_4+H_2O+Q$$

由以上方程式可以看出煤气主要成分随压力变化的原因。

（1）压力对氧气耗量的影响

压力提高可以减少氧气的消耗。压力提高利于甲烷化反应的进行，从以下甲烷化反应看出，煤气中甲烷量增大的同时放出热量，反应热可作为第二热源，从而减少了第一热源气体氧气燃烧的消耗用量。比如煤气热值一定时，在 1.96MPa 下消耗的氧气仅为常压气化时的 $1/3 \sim 1/2$。

$$C+2H_2 =\!=\!= CH_4+Q$$
$$CO+3H_2 =\!=\!= CH_4+H_2O+Q$$
$$CO_2+4H_2 =\!=\!= CH_4+2H_2O+Q$$
$$2CO+2H_2 =\!=\!= CO_2+CH_4+Q$$

（2）压力对蒸汽耗量的影响

压力提高，蒸汽耗量会增加，图 1-3 为气体分压与蒸汽耗量的关系。

由水蒸气参与的反应 $C+H_2O =\!=\!= CO+H_2-Q$ 可以看出，压力提高，不利于水蒸气的分解，这就造成生产中的两个矛盾：一为甲烷生成的反应需要氢气，而氢气的重要来源就是

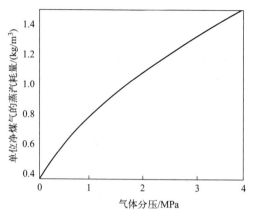

图 1-3　气体分压与蒸汽耗量的关系

水蒸气分解；二为实际操作中，对于固态排渣的气化过程还需要用水蒸气分解来操控炉温，防止固态排渣气化炉结渣，但在加压情况下，水蒸气的分解率下降了。所以，只能依靠增加水蒸气的消耗量来解决以上矛盾。水蒸气的消耗量增大，但分解率下降，这是固体排渣气化炉生产的一大缺陷，当加压气化时，水蒸气耗量更大，这个缺陷更为突出。

（3）压力对气化炉生产能力的影响

压力提高，可以使气化生产能力提高。如果常压气化炉和加压气化炉中带出物的数量相等，可近似得出加压气化炉与常压气化炉生产能力之比，如下式：

$$\frac{V_2}{V_1} = \sqrt{\frac{T_1 p_2}{T_2 p_1}} \tag{1-14}$$

对于常压气化炉，p_1 通常略高于大气压，例如当 $p_1 = 0.1078\text{MPa}$ 左右时，常压、加压炉的气化温度之比 $T_1/T_2 = 1.1 \sim 1.25$，则由上式可得：

$$\frac{V_2}{V_1} = (3.19 \sim 3.41)\sqrt{p_2} \tag{1-15}$$

比如气化压力为 2.5～3MPa 的鲁奇加压气化炉，其生产能力将是常压的 5～6 倍。

（4）压力对煤气产率的影响

压力增大，会使煤气产率下降。加压，煤气体积减小，同时煤气中有大量的二氧化碳，一旦脱除，会使净煤气体积大大减少。

 课后习题

一、基本知识

1. 煤炭气化过程的四个阶段：

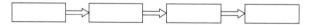

2. 你认为其中对气化过程至关重要的反应有哪些？（写出反应方程式）

_____。

3. 煤炭气化过程使用的气化剂是指氧气（空气、富氧或纯氧）、水蒸气或氢气等，其中：

① 氧气参与的主要反应：_____；

② 水蒸气参与的主要反应：_____；

③氢气参与的主要反应：_____。

4. 煤气化产物分析：

煤气化产物粗煤气主要成分有：一氧化碳、氢气、甲烷及二氧化碳、氮气、硫化氢、水等。

① _____ 气体适合作为化工合成气；

② _____ 气体是惰性成分，其可能的来源是_____；

③ _____ 气体会使合成甲醇催化剂中毒，需要净化分离。

5. 煤炭气化主要制气反应为_____（吸热/放热）反应，_____（升高/降低）温度有利于主反应的进行。

6. 随着气化压力的增加，粗煤气中甲烷和二氧化碳含量_____（增加/降低），氢气和一氧化碳含量_____（增加/降低），使气化炉生产能力_____（提高/下降），压力提高，_____（有利于/不利于）水蒸气的分解。

7. 改变煤灰黏度的方法主要有_____。

二、思考与分析

1. 气化中非均相气-固反应 $C + H_2O \rightleftharpoons CO + H_2 - Q$ 是气化中的关键反应。你觉得煤的粒度大小对该反应有何影响？

2. 影响气化的因素有哪些？

3. 你怎样理解煤气化过程的四个阶段？

4. 你能解释煤气化过程中各个反应的重要性吗？

5. 气化剂中氧气有何作用？空气、富氧或纯氧三者作气化剂有什么区别？

三、查找资料，说一说煤气化技术的发展历史。

单元 2 认识气化评价指标

要对气化方法、气化操作进行全面综合的评价，除了分析对气化的影响因素外，还需要认识气化过程的评价指标。理解指标的含义，可以通过指标数据的对比来分析各类方法的特点。本单元主要认识、理解气化常用评价指标，为后续选择气化方法、分析评价气化过程的优劣提供依据。

课前预习

1. 评价气化能力类指标连线。

指标	含义	单位
单炉生产能力	单位时间、单位气化炉横截面积上处理的原料煤质量或产生的煤气量	t/d；MW
气化强度	单位时间内气化炉处理量最大的原料煤质量	$kg/(m^2 \cdot h)$；$m^3/(m^2 \cdot h)$；$MJ/(m^2 \cdot h)$
单炉日投煤量	气化炉所产生的干合成气量	m^3/h

2. 评价气化消耗类指标连线。

指标	含义	单位
比煤耗	每生产 $1000m^3$ 有效气所消耗的氧气体积（标准状态下）	kg/kg
汽气比	每生产 $1000m^3$ 有效气所消耗的原料煤的质量	kg/km^3
比氧耗	气化所消耗的氧气质量与原料煤质量之比	m^3/km^3
蒸汽耗	气化所消耗的水蒸气量与氧气量之比	无量纲
水蒸气分解率	每消耗 1kg 原料煤所消耗的蒸汽量	
氧煤比	被分解掉的水蒸气与入炉水蒸气总量之比	

3. 气化综合评价指标连线。

指标	含义
碳转化率	气化生成的煤气的化学能与气化炉和热煤气显热回收利用系统中产生的蒸汽之焓值增量二者之和与气化用煤的化学能之比
冷煤气效率	$\dfrac{\text{所有产品所含能量} + \text{回收利用能量}}{\text{供给气化炉总能量}} \times 100\%$
热煤气效率	气化过程中消耗的总碳量占原料煤中碳量的百分比
系统热效率	气化生成煤气的化学能与气化用煤的化学能之比
气化热效率	$\dfrac{\text{所有产品所含能量} + \text{回收利用能量}}{\text{供给气化炉总能量} + \text{其他动力消耗}} \times 100\%$

 知识准备

在实际的研究与工业生产中，往往采用一系列气化评价指标来检验气化炉的运行效率。煤炭气化过程经济性的主要评价指标有气化强度、单炉生产能力、气化效率、气化热效率、蒸汽耗、水蒸气分解率等。

我们有必要了解各个气化评价指标的含义及其相关性。行业应用比较广泛的气化评价指标及其含义如下。

一、评价气化能力类指标

1. 气化强度

是指单位时间、单位气化炉横截面积上处理的原料煤质量或产生的煤气量。气化强度越大，气化炉生产能力越大，气化强度与煤的性质、气化剂供给量、气化炉炉型结构及气化操作条件有关。

气化强度的表达方式有三种。

① 以消耗的原料煤量表示 $[kg/(m^2 \cdot h)]$

$$Q_1 = \frac{消耗原料量}{时间 \times 炉横截面积}$$

② 以生产的煤气量表示 $[m^3/(m^2 \cdot h)]$

$$Q_2 = \frac{产生煤气量}{时间 \times 炉横截面积}$$

③ 以生产煤气的热值表示 $[MJ/(m^2 \cdot h)]$

$$Q_3 = \frac{煤气热值}{时间 \times 炉横截面积}$$

2. 单炉日投煤量

是指单位时间内气化炉处理最大量的原料煤质量。单炉日投煤量越大，气化能力越大，与气化强度相比，该指标未考虑气化炉横截面积因素。

采用的单位，国内以消耗的原煤量计，为 t/d；国外以消耗原料煤的热值计，为 MW（兆瓦级）。与气化强度相比，该指标简单直观，应用更加广泛。

标煤与电相互换算关系：

例如：200MW 气化炉，以标煤计算投煤量为 $200MW \times 3600s/(4.18J/cal)/(7000 \times 10^6 cal/t) \times 24h/d = 590t/d$，为 750t/d 级气化炉；合成气产量为 $5 \times 10^4 m^3/h$（标准状况，余同）；有效气量为 $(4 \sim 4.5) \times 10^4 m^3/h$（1cal＝4.18J；1W＝1J/s；我国约定 1kg 标准煤热值为 7000kcal）。故 400MW 气化炉，即为 1500t/d 级气化炉，合成气产量为 $10 \times 10^4 m^3/h$；有效气量为 $(8 \sim 9) \times 10^4 m^3/h$。

3. 单炉生产能力

单炉生产能力通常采用 m^3/h 为单位，其具体含义是单位时间内气化炉所产生的干合成气量。该指标比较直观地反映了气化炉的造气能力，即产出能力。气化炉的单炉生产能力是企业综合经济效益中的一项重要考核指标，主要与气化炉的直径大小、气化强度和原料煤的产气率有关。

计算公式如下：

$$V = 3.14/4 \times q_1 \times D^2 \times V_g$$

式中　V——单炉生产能力，m^3/h；

　　D——气化炉内径，m；

　　V_g——煤气产率，m^3/kg（煤）；

　　q_1——气化强度，$kg/(m^2 \cdot h)$。

二、评价气化消耗类指标

1. 比煤耗

比煤耗通常采用 kg/km^3 为单位，是指每生产 $1000m^3$ 有效气所消耗的原料煤的质量。该数据一般由生产部门根据消耗的原料煤量与所产有效气量统计计算所得，能反映气化系统原料煤耗。

固定床间歇式气化技术，比煤耗为 $550\sim590kg/km^3$。鲁奇气化技术，比煤耗为 $700\sim800kg/km^3$。灰熔聚加压气化技术，比煤耗为 $870\sim1000kg/km^3$。加压气流床气化技术（水煤浆进料和干煤粉进料），比煤耗一般为 $550\sim650kg/km^3$。

2. 比氧耗

通常采用 m^3/km^3 为单位，是指每生产 $1000m^3$ 有效气所消耗的氧气体积（标准状况下）。该数据也是由生产部门根据消耗的氧气量与所产有效气量统计计算所得，能反映气化系统的氧气消耗量。

固定床间歇式气化技术，采用空气进料，比氧耗为 $0m^3/km^3$。鲁奇气化技术，比氧耗为 $160\sim270m^3/km^3$。灰熔聚加压气化技术，比氧耗为 $400m^3/km^3$。粉煤加压气流床气化技术，比氧耗为 $330\sim360m^3/km^3$。水煤浆加压气流床气化技术，比氧耗为 $350\sim420m^3/km^3$。

3. 蒸汽耗

通常采用 kg/kg 原料煤为单位，是指每消耗 $1kg$ 原料煤所消耗的蒸汽量。该数据也是统计数据，根据消耗的蒸汽量与原料煤量计算而得，能反映气化系统的蒸汽消耗。

固定床间歇气化技术，蒸汽耗为 $0.26\sim0.4kg/kg$ 原料煤。鲁奇气化技术，蒸汽耗为 $1\sim1.1kg/kg$ 原料煤。粉煤加压气流床气化技术，蒸汽耗为 $0.2\sim0.25kg/kg$ 原料煤。水煤浆加压气流床气化技术，蒸汽耗为 $0kg/kg$ 原料煤（水煤浆进料技术不消耗蒸汽）。

以上三个指标基本上反映了气化炉消耗的主要物料：原料煤、氧气与水蒸气。其实，在气化系统的物料消耗中，水、电也是重要的组成部分，然而由于统计困难，且统计意义不大等原因，这些指标往往并不在气化评价指标之中。

以上述三个指标为基础，根据不同的计算口径，产生了其他系列气化评价指标，行业较常用的有氧煤比、汽气比、水蒸气分解率等。

4. 氧煤比

该指标无量纲，是用来反映气化过程中氧气与煤的比值的指标。

控制氧煤比的根本是为了控制氧碳比（氧碳原子比 O/C），使氧碳比 O/C 保持在 1.0 左右，使碳发生部分氧化反应。鲁奇气化技术，氧碳比 O/C 一般为 $0.23\sim0.55$；灰熔聚加压气化技术，氧碳比 O/C 为 $0.57\sim0.66$；粉煤加压气流床气化技术，氧碳比 O/C 为 $0.72\sim0.94$；水煤浆加压气流床气化技术，氧碳比 O/C 为 $0.95\sim1$。

由于正常操作时氧碳比 O/C 不易直接算出，所以间接地调节氧煤比更为可行。在水煤浆气化中，通常采用氧浆体积比指标代替氧煤比，即气化炉进料氧气的体积流量和进料水煤浆体积流量的比值，通常为 $450\sim650$，原始开车前，按照氧碳原子数比值 $0.95\sim1$ 计算。在粉煤气化工艺中，氧煤比是通过氧气与粉煤的质量流量之比来确定的。

该指标可由生产部门根据消耗的原料煤量与氧气量计算所得，也可根据比煤耗、比氧耗指标计算得来，它反映了气化过程中氧气与煤的比值，指标的高低在一定程度上反映了粗合成气组分的质量，例如在相同的装置中，氧煤比高则气化温度提高，二氧化碳含量提高，为吸热的气化反应提供更多的热量，对气化反应有利，碳的转化率提高，甲烷含量降低，粗合成气质量提升；但随着氧煤比的进一步增加，碳的转化率增加不大，同时由于过量氧气进入气化炉，氧气会消耗 CO 生成 CO_2，导致 CO_2 的增加，使冷煤气效率、产气率下降，比氧耗、比煤耗上升。因此，氧煤比应有一个最适宜值。

5. 汽气比

指气化所消耗的水蒸气量与氧气量之比，无量纲。

水蒸气与氧气作为气化过程的氧化剂，其组成的相对变化直接影响着粗合成气的气体组成。汽气比高，CO 量减少，H_2 量增加，CO/H_2 下降；汽气比低，CO 量增加，H_2 量降低，CO/H_2 提高。

鲁奇气化技术，汽气比为 1.8～4.23。粉煤加压气流床气化技术，汽气比为 0.21～0.35。水煤浆加压气流床气化技术，汽气比为 0。

6. 水蒸气分解率

指被分解掉的水蒸气与入炉水蒸气总量之比，无量纲。

气化中的水蒸气分解率通常针对固定床气化技术而言，固定床气化采用固态排渣，常需要过量水蒸气以防结渣。水蒸气分解率高，所得到的粗合成气质量好，水蒸气含量低；反之，所得到的粗合成气质量低，水蒸气含量高。固定床间歇气化技术水蒸气分解率为 40%～60%；鲁奇炉气化技术为 40%。

三、气化综合评价指标

上述指标，仅仅是从投入与产出的视角出发对气化进行评价。综合评价指标则从整个气化系统出发，对气化进行评价，反映得更加全面，但计算更为复杂。

1. 碳转化率

指气化过程中消耗的总碳量占原料煤中碳量的百分比，即气化过程中煤中碳的转化率（不是表示碳的利用率），无量纲。

该指标与热煤气效率相关，因为燃烧产生热量的碳其实也计入了转化碳的范畴。

固定床间歇气化技术碳转化率约 85%。鲁奇气化技术碳转化率约 90%。粉煤加压气流床气化技术碳转化率高于 98%。水煤浆加压气流床气化技术碳转化率高于 95%。

2. 气化效率

该指标无量纲，分为冷煤气效率与热煤气效率两个指标。侧重于评价能量转移的程度。

（1）冷煤气效率

指气化生成煤气的化学能与气化用煤的化学能之比，即制得产品煤气热值与原料煤热值之比。

$$\eta_{冷} = \frac{煤气的化学能}{原料煤化学能} = \frac{煤气热值 \times 煤气产率}{原料煤发热量} \times 100\%$$

固定床间歇气化技术冷煤气效率 60%～70%。鲁奇气化技术冷煤气效率 70%～80%。粉煤加压气流床气化技术冷煤气效率 78%～83%。水煤浆加压气流床气化技术冷煤气效率 70%～76%。

（2）热煤气效率

热煤气效率是指气化生成的煤气的化学能与气化炉和热煤气显热回收利用系统中产生的蒸汽之焓值增量二者之和与气化用煤的化学能之比。

"蒸汽之焓值增量"是指显热回收利用系统中产生蒸汽的焓值与其给水的焓值之差。

用一个简明的公式来表示：

$$\eta_{热}=\frac{煤气的化学能+系统回收利用能量}{原料煤化学能}=冷煤气效率+\frac{系统回收利用能量}{原料煤化学能}\times100\%$$

从以上公式可以看出，冷煤气效率仅关注气化部分的能量转移；而热煤气效率则增加了系统回收利用能量，比前者更加真实地反映了气化的能量转移。

固定床间歇气化技术热煤气效率约80%。鲁奇气化技术热煤气效率85%～90%。粉煤加压气流床气化技术热煤气效率95%～98%。水煤浆加压气流床气化技术热煤气效率90%～95%。

但对于气化而言，冷煤气效率更加重要。系统能量100%全部转移进入煤气部分，这就意味着能量损失的减少。即使能量能够全部回收利用，如果冷煤气效率低，那也意味着这个过程更多的是燃烧产生的热量而不是气化。气化炉目的是生产煤气而非烧煤产生热量，否则变成了锅炉，对于气化而言就毫无意义了。

3. 气化热效率

该指标评价整个煤炭气化过程能量利用的经济效率，侧重于评价能量利用程度。根据比较系统的不同，热效率分为气化热效率与系统热效率两个指标。气化热效率指气化炉内部系统能量利用程度；系统热效率指整个气化系统能量利用程度。

$$气化热效率=\frac{所有产品所含能量+回收利用能量}{供给气化炉总能量}\times100\%$$

$$系统热效率=\frac{所有产品所含能量+回收利用能量}{供给气化炉总能量+其他动力消耗}\times100\%$$

系统热效率统计较为复杂，在相关的文献中没有看到这方面的资料，通常所统计的数据为气化热效率。

固定床间歇气化技术气化热效率75%～80%。鲁奇气化技术气化热效率约82%。粉煤加压气流床气化技术气化热效率88%～92%。水煤浆加压气流床气化技术气化热效率86%～87%。

气化效率与热效率都指能量的转化效率，不过比较的对象不同，气化效率关注原料煤能量的转化，热效率关注所有能量的转化。前者关注的面较窄，后者较宽。单从气化而言，气化效率指导意义更大，从系统的角度而言，气化热效率更有代表性。

如表1-2，我们可以通过指标，分析对比各种气化技术的优劣。

表 1-2　典型气化技术评价指标表

技术 项目	UGI	鲁奇炉	航天炉	Shell	GSP	AP水煤浆 （德士古）	华东四喷嘴
有效气比例/%	65～70	50～70	85～90 （神木）	约90	约90	78～82	≥83
单炉日投煤量/（t/d）	180	550～1000 （Mark Ⅳ）	750～2000	1000～2500	720～2000	1000～2000	700～2500

续表

技术 \ 项目	UGI	鲁奇炉	航天炉	Shell	GSP	AP 水煤浆（德士古）	华东四喷嘴
单炉生产能力 /(10^{4}m^3/h)	1.2（ϕ3.6m）	3.5～6.5	5～13	7～17	5～13	7～13	5～17
比煤耗/(kg/km^3)	550～590	700～800	550～650	550～650	550～650	550～620	550～600
比氧耗/(m^3/km^3)	0	160～270	330～360	330～360	330～360	400～430	350～400
蒸汽耗/(kg/kg)	0.26～0.4	1～1.1	0.2～0.25	0.2～0.25	0.2～0.25	0	0
水蒸气分解率/%	40～60	40	—	—	—	—	—
碳转化率/%	85	约90	93～96	>98	>98	95～97	>98
冷煤气效率/%	60～70	70～80	78～83	78～83	78～83	70～76	73
热煤气效率/%	80	85～90	95	98（废锅）	95（激冷）	90～95	95
气化热效率/%	75～80	约82	约90	90	88～92	86	87

课后习题

1. 气化强度越大，气化炉生产能力越_____，气化强度与煤的性质、气化剂供给量、气化炉炉型结构及气化操作条件有关。

2. 800MW 气化炉，以标煤计算投煤量为_____t/d，为_____t/d 级气化炉。

3. 单炉生产能力通常采用_____为单位，其具体含义是_____。

4. 随着氧煤比升高，气化温度_____（升高/降低），粗合成气质量先_____（提升/下降）后_____（提升/下降），因此氧煤比应有一个最适宜值。

5. 气化中的水蒸气分解率通常是对_____气化技术而言。

6. 冷煤气效率和热煤气效率，两者对于气化而言，_____更加重要，如果该指标低，则气化过程更多的是燃烧产生的热量而不是气化。

7. 气化效率与气化热效率都指能量的转化效率，气化效率关注_____的转化，热效率关注_____的转化。

单元 3　选择气化方法

本单元我们将对气化方法进行系统分类，研究具有代表性的分类方法，分析每类方法的独特特点。当对气化的分类有了一定了解和认识后，我们需要选择出最合适的气化方法，并符合本地地域发展情况，且能够给予充分的理由。

M1-3　什么是合成气

🌱 课前预习

备选条件：

1. 原料粒度小	6. 原料为块煤	11. 碳的转化率高	16. 气化温度高
2. 纯氧气化	7. 空气气化	12. 适合大规模生产	17. 煤气含尘量小
3. 常压气化	8. 加压气化	13. 水蒸气耗量小	18. 煤气有效成分高
4. 轻污染	9. 生产能力高	14. 煤气中甲烷含量低	19. 液态排渣
5. 煤种适应广	10. 煤气中无焦油	15. 耗氧量低	20. 固态排渣

1. 请从以上 20 条中选出你认为的气化方法应该必须具备的条件（填写条件的编号）。

①成员 1：_____；   ⑤成员 5：_____；

②成员 2：_____；   ⑥成员 6：_____；

③成员 3：_____；   ⑦成员 7：_____；

④成员 4：_____；   ⑧成员 8：_____；

2. 小组讨论，将每个成员的选择进行汇总和分析，最终确定出你们小组要选择的气化方法应该必须具备的四个条件（填写具体条件，简述选择的原因）。

①条件：_____；原因：_____。

②条件：_____；原因：_____。

③条件：_____；原因：_____。

④条件：_____；原因：_____。

3. 请分析三种气化方法（固定床、流化床、气流床）中哪种方法最符合你们需要的这四个条件。

①选择的气化方法：_____；

②阐述选择原因：_____

_____

_____

_____。

📁 知识准备

一、气化方法的分类

目前采用的煤炭气化方法很多，根据不同的分类依据有不同的气化方法，现将主要分类方法总结如下：

① 按是否需要开采：地下气化、地面气化；

② 按流体力学行为：固定床、流化床、气流床、熔融床；

③ 按气化剂的种类：空气煤气（空气），混合煤气（空气、适量水蒸气），水煤气（水蒸气），半水煤气（水蒸气、适量空气），氢气作气化剂；

④ 按气化操作压力：常压、加压；

⑤ 按灰渣排出形态：固态排渣、液态排渣；

⑥ 按过程是否连续：间歇、连续；

⑦ 按热量提供方式：自热式、外热式。

1. 按是否需要开采分类

按煤炭是否需要开采可分为地下气化与地面气化。地下气化、地面气化的气化原理相同。在某些场合，煤层不适合开采，开采具有不安全性且开采成本太大不经济，可采用地下气化方法。地面气化技术是目前的主要技术，随着新工艺、新设备、新技术的开发和利用，地面气化技术越来越成熟和完善。

2. 按气化剂和供热方式分类

反应热的供入方式对气化炉的设计及气化效率有重要影响。气化所需要的热量可由气化炉内部或者外部提供。热量由气化炉内部反应产生即为自热式（表1-3）；自外部提供即为外热式。迄今为止，成熟的气化工艺都是自热式过程，外热式还处于研究开发阶段。

表1-3 自热式气化炉中不同产热方式的比较

反应物质	优点	缺点	适用场合
空气	成本低,无需制氧设备	N_2 稀释了煤气	低热值煤气
H_2	高 CH_4 含量	作为合成气时,CH_4 需进一步分离转化	燃料气、加热气
O_2	可获得纯度高的煤气	需制氧设备	中热值煤气及合成气
CaO	不需要制造 O_2	再生未解决	合成气和加热气

按气化剂和供热方式来分类是目前通常采用及正在研究的气化方法，可归纳为五种气化方式。包括自热式煤的水蒸气气化、外热式煤的水蒸气气化、煤的加氢气化、煤的水蒸气气化和加氢气化相结合制造代用天然气，以及煤的水蒸气气化和甲烷化相结合制造代用天然气。

3. 按灰渣排出形态分类

按灰渣排出形态分类，可分为固态排渣气化和液态排渣气化。固态排渣是指气化温度低于灰熔点，煤燃尽成为固态灰渣，灰渣以松碎的固体状态排出气化室；液态排渣是指气化温度高于灰渣的熔化温度，气化后的灰渣熔化成液态排出气化室。形成灰渣状态不一样，气化操作温度、气化煤种要求以及气化炉排渣结构设计均会有很大差异。

4. 按流体力学行为（燃料在炉内的状况）分类

按照燃料在气化炉内的运动状况来分类是目前国内外应用最广泛的一种分类方法，一般分为以块煤（6～50mm）为原料的固定床气化、以碎煤（3～5mm）为原料的流化床气化和以粉煤（小于0.075mm）为原料的气流床气化等。原料粒度不同，气化剂和煤接触状态差异较大。

固定床：固体颗粒处于固定状态，即气化剂气流速度不致使固体颗粒的相对位置发生变化，床层高度基本上维持不变。由于气化过程是连续进行的，煤料连续从气化炉的上部加入，形成的灰从底部连续排出，所以燃料是以缓慢的速度向下移动，故又称为移动床。

流化床：气流速度提高，固体颗粒全部浮动起来，但是仍有颗粒留在床层中不被流体带出，煤悬浮在气化剂中反应，这时的床层内固体颗粒具有了流体的特性，故称为流化床。

气流床：进一步提高气化剂流速，固体颗粒不能继续留在床层中，而是被流体带出容器外，固体颗粒分散流动与气体质点的流动类似。这时的床层相当于一个气流输送设备，煤粉与气体质点一起做类似流动，因而被称为气流床。

几种床层状态的气化炉基本原理如下。

（1）固定床（移动床）气化炉

原料是 6～50mm 块煤或者煤焦，炉体上部加料，排灰一般为固态（除个例外，如鲁奇液态排灰炉），灰渣和煤气出口温度都不高，炉内煤与产生的煤气、气化剂进行逆向热交换。

气化基本过程：燃料由固定床上部的加煤装置加入，底部通入气化剂，燃料与气化剂逆向流动，反应后的灰渣从底部排出。如图 1-4 所示。

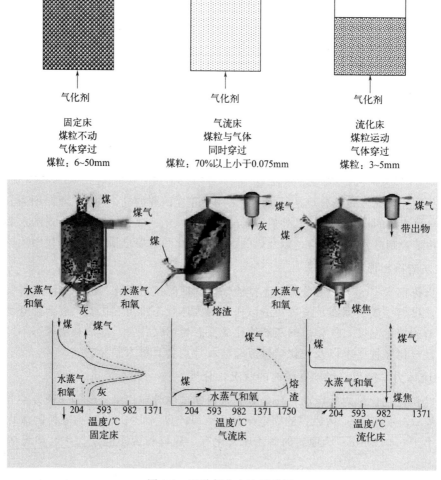

图 1-4　三种气化方法示意图

炉内料层：当原料装好进行气化时，以氧气（氧气来源于纯氧气、富氧或空气）和水蒸气作为气化剂，炉内料层可分为五层，自上而下分别是：干燥层、干馏层、还原层、氧化层和灰渣层（图 1-5）。气化剂不同，发生的化学反应也有所不同。

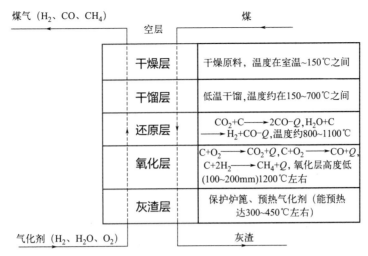

图 1-5　固定床料层示意图

灰渣层：煤灰的温度比刚入炉的气化剂温度高，气化剂被预热。灰渣层上面的氧化层温度很高，有了灰渣层的保护，避免了和气体分布板的直接接触，起到保护分布板的作用。

氧化层：也称燃烧层即火层，是煤炭气化的重要反应区域，从灰渣中升上来的预热后的气化剂与煤接触发生燃烧反应，产生的热量可维持气化炉正常运行。

还原层：在氧化层的上面是还原层，气化剂中水蒸气被分解，与燃烧产生的二氧化碳发生还原反应，生成产品气中的主要成分氢气和一氧化碳，故称为还原层。还原反应是吸热反应，其热量来源于氧化层的燃烧反应所放出的热量。

干馏层：位于还原层的上部，气体在还原层释放大量的热量，进入干馏层时温度已经不太高了，气化剂中的氧气已基本耗尽，煤在这个过程经低温干馏，煤中的挥发分发生裂解，产生甲烷、烯烃和焦油等，它们受热呈气态而进入干燥层。

干燥层：位于干馏层的上面，上升的热煤气与刚入炉的燃料在这一层相遇并进行换热，燃料中的水分受热蒸发。

图 1-5 中空层即干燥层的上部，炉体内的自由区，其主要作用是汇集煤气。空层存在可减少带出物，并使炉内还原层生成的气体与干馏层生成的气体混合均匀。

固定床气化的特性是简单、可靠。由于气化剂与煤逆流接触，气化过程进行得比较完全，且使热量得到合理利用，因而具有较高的热效率，氧耗量比气流床气化低得多。固定床气化绝大多数为固态排渣。

（2）流化床气化炉

原料粒度在 3～5mm，一般为固态排渣，灰渣和煤气出口温度均接近炉温，炉内温度均匀，炉内情况为悬浮沸腾状。

过程特点：气化剂通过煤层，使碎煤处于悬浮状态，固体颗粒在气流中运动如沸腾的液体一样，也称为沸腾床。气化用煤的粒度一般较小，比表面积大，气固相运动剧烈。整个床层温度和组成一致，所产生的煤气和灰渣都在炉温下排出，因而导出的煤气中基本不含焦油类物质。

过程分析：煤料入炉的瞬间即被加热到炉内温度，几乎同时进行着水分的蒸发、挥发分的分解、焦油的裂化、碳的燃烧与气化过程。为防止可能出现结焦而破坏床层的正常流化，沸腾床内温度不能太高，炉温比固定床反应区温度和气流床气化温度都低，碳转化率低。

流化床具有流体的流动特性，向气化炉加料或出灰都比较方便。整个床内的温度均匀，容易调节，但采用这种气化途径，对原料煤的性质很敏感，煤的热稳定性、水分、黏结性、灰熔点变化时，易使操作不正常。

（3）气流床气化炉

原料粒度一般为粉煤（70%以上小于0.075mm），煤与气化剂并流进料，气化温度高于灰熔点，灰渣为熔融液态渣，灰渣和煤气出口温度都接近炉温，炉内煤与气化剂在高温火焰中反应。

气化过程：微小的粉煤在火焰中被部分氧化产生热量，然后进行气化反应，粉煤与气化剂通过特殊的喷嘴进入气化炉后瞬间着火，直接发生反应，火焰中心高达2000℃。所产生的炉渣和煤气一起在接近炉温下排出，由于温度高，煤气中不含焦油等物质，剩余的煤渣以液态形式从燃烧室排出。

（4）熔融床气化炉

熔融床气化炉为气-固-液三相反应器，原料为6mm以下直至煤粉所有范围的煤粒，燃料与气化剂并流加入，灰渣以液态排出，灰渣和煤气出口温度都接近炉温，炉内熔池中液态的熔灰、熔盐或熔融金属作为气化剂和煤的分散剂与热源，池内熔融物做螺旋状的旋转运动并气化。

气化过程：燃料和气化剂并流进入炉内，煤在熔融的灰渣、金属或盐浴中直接接触气化剂而气化，生成的煤气由炉顶导出，灰渣则以液态形式和熔融物一起溢流出气化炉。如图1-6所示。

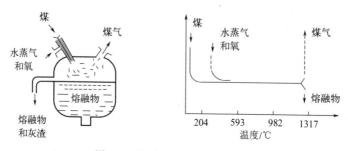

图1-6　熔融床气化炉炉内情况

炉内温度很高，燃料一进入床内便迅速被加热气化，因而没有焦油类物质生成。熔融床不同于移动床、沸腾床和气流床，对煤的粒度没有严格限制，大部分熔融床气化炉使用磨得很粗的煤，也包括粉煤。熔融床也可以使用强黏结性煤、高灰煤和高硫煤。缺点是热损失大、熔融物对环境污染严重、高温熔盐会对炉体造成严重腐蚀，故此类气化工艺已不再发展。几种床层气化炉的比较见表1-4。

除了以上的分类方法外，气化炉在生产操作过程中根据使用的压力不同，又分为常压气化炉和加压气化炉；根据过程是否连续，分为间歇气化和连续气化等。气化工艺在很大程度上影响煤化工产品的成本和效率，采用高效、低耗、无污染的煤气化技术是发展煤化工的重要前提，其中气化炉便是工艺技术的核心，可以说气化工艺的发展是随着气化炉的发展而发展的。无论如何分类，煤气化的发展趋势都会向着拓宽原料煤适应范围、提高单炉产气量、提高气化效率、提高控制自动化水平、提高运行可靠性和改善环保特性的方向发展。

表 1-4　几种床层气化炉的比较

项目	固定床	流化床	气流床	熔融床
气化过程	块煤炉顶供给与热空气逆流,依次通过干燥区、气化区、燃烧区,焦炭与 O_2、H_2O 作用生成煤气	小颗粒煤粒在炉底供给,在高速气化剂和蒸汽带动下,边流态翻滚、边在高温炉床内气化	小颗粒的干煤或湿态煤与气化剂高速从喷嘴喷入,在高温高压欠氧下完成气化	煤粉与氧一起从喷嘴喷进熔融金属表面,在高温下瞬时气化
气化温度/℃	440~1400	800~1100	1200~1700	>1500
优点	低温煤气易于净化;适于高灰熔点煤;较长的发展历史,技术成熟	操作简单,动力消耗少;对耐火炉衬要求低;适于高灰熔点的煤	碳转化率高;液态灰渣易排出;放大容易;煤种适应性广	煤种适应性广;气化效率高
缺点	不适于结焦性强的煤;低温干馏产生煤焦油、沥青等;单段炉不易大型化	容量较小;飞灰中未燃尽碳多	对耐火炉衬要求高;适于低灰熔点煤	适合低灰熔点煤
碳转化率/%	99	95	97~99	—
实例	UGI Lurgi鲁奇炉 液态排渣鲁奇炉	Winker KRW U-GAS	Shell、AP水煤浆、HT-L K-T炉	未商业化,不再发展

二、煤气化方法的评价与选择

1. 煤气化方法特点总结

固定床气化过程:气化需要块状原料,可处理水分大、灰分高的劣质煤。当固态排渣时耗用过量的水蒸气,污水量大,并导致热效率低和气化强度低;当以液态排渣时提高炉温和压力,可以提高生产能力。

流化床气化过程:流化床床层温度较均匀,气化温度低于灰熔点;煤气中不含焦油;活性低的煤的碳转化率低;气流速度较高,携带焦粒多,煤气中粉尘含量高,后处理系统磨损和腐蚀较重;煤的预处理、进料、焦粉回收、循环系统复杂庞大。

M1-4　粗煤气中的杂质

气流床气化过程:气流床气化温度高,碳转化率高,单炉生产力大;煤中不含焦油,污水问题小;因液态排渣,氧耗会随灰含量和灰熔点增加而升高;除尘系统庞大,废热回收系统昂贵,煤处理系统庞大,电耗高。

三种方法的比较见表 1-5。

表 1-5　三种主要制气方法的比较

气化指标	鲁奇炉(固定床)	Winkler(流化床)	K-T炉(气流床)
气化压力/MPa	2.0~3.0	常压	常压
气化炉出口煤气温度/℃	350~600	800~1500	1400~1600
煤在炉内的停留时间	90min	15min	1s
气化煤种	不黏结、不热爆	高熔性、不热爆	各种煤
入炉煤粒度/mm	>13mm 占87%	>10mm 低于5%; <1mm 占10%~15%	通过200目筛约 (0.047mm)占80%

续表

气化指标	鲁奇炉(固定床)	Winkler(流化床)	K-T 炉(气流床)
煤气组成/%			
$\varphi(H_2)$	37~39	13~36	31
$\varphi(CO)$	20~23	23~36	58
$\varphi(CO_2)$	27~30	8~25	10
$\varphi(CH_4)$	10~12	1~2.5	0.1
煤气中有无焦油、酚类杂质	有	无	无
吨煤煤气产率/(m^3/t)	1220	1580	1900
粗煤气氧耗/(m^3/m^3)	0.16~0.27	0.35	0.31~0.36
蒸汽耗/(kg/kg)	1.1~1.9	0.4~0.9	0.07~0.16
碳转化率/%	88~95	68~80	80~98
冷煤气效率/%	75~80	58~65	69~75

综上所述，三种气化均有各自优缺点。工业实践证明，它们有各自比较适应的经济规模。固定床可应用于较小规模，气流床气化适用于大规模生产，流化床则介于中间。

2. 过程消耗

（1）氧与蒸汽消耗

固定床、流化床、气流床三种气化方法中，固定加压气化时耗氧量最低，而气流床除满足反应所需热量外，还需要满足灰分的高温熔融所耗热量，故其耗氧量最大。

对于气化反应来说，各种气化方法的蒸汽耗量相差不大，但不包括一氧化碳变换和固定床气化所需的过量蒸汽，固定床气化因固态排渣防结渣的需要，常用过量蒸汽以拉低炉温，但实际水蒸气分解率低。

（2）水与电的消耗

煤气厂中消耗的冷却水较大，这些水是污水的主要来源，而固定床气化时污水的排放量和污水中有机物含量比流化床或气流床气化时高得多，故净化污水的费用也大得多，这也是制约固定床气化法发展的原因。

当用鼓风气化时，其工艺用电约占总耗电量的一半以上，因此，选择氧耗量较小的方法对降低生产成本具有重要意义。

3. 产品煤气的净化和后匹配

（1）产品煤气的净化

煤气净化设备的投资在气化装置中占相当大的比重，煤气的净化费用取决于煤气中有害物质的含量及其脱除的难易程度，与采用的原料煤和气化方法也有关。

（2）产品煤气的后匹配

煤气的后匹配是指在不同的应用场合应考虑使用不同品位的煤气。

4. 选择气化方法的判据

通过对各种气化方法的了解，应当认识到每一种具体的气化方法都不是无条件可被采用的，特别是对煤种都有一定的要求，应该以可能选用的煤种和煤气的用途为出发点预选可采用的气化方法，再结合过程的总热效率和环保要求加以考虑和比较。

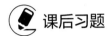 **课后习题**

一、基本知识

1. 不论何种气化工艺，煤活性_____（高、低）总是有利的。

2. 气化用燃料中硫含量应越_____（高、低）越好。

3. 气流床气化炉一般使用粒径_____的煤。

4. 气化工艺中，当以固态排渣时，为了防止结渣可以提高气化剂中_____的含量。

5. 下列关于固定床加压气化的原理与工艺说法不正确的是_____。

A. 蒸汽耗量比常压气化低，是固态排渣加压气化炉的优点

B. 加压气化所得到的煤气产率低

C. 加压气化节省了煤气输送动力消耗

D. 就生产能力而言，加压气化比常压气化有所提高

6. 灰熔点是煤灰_____的温度。

A. 软化、熔融　　　　　B. 凝固　　　　　C. 燃烧　　　　　D. 流动

7. 在固定床炉内料层分为五层，其中还原层内的主要化学反应是_____。

A. $C+O_2 \longrightarrow CO_2+Q$　　　　　$C+O_2 \longrightarrow CO+Q$

B $CO_2+C \longrightarrow CO-Q$　　　　　$CO+H_2 \longrightarrow CH_4+H_2O+Q$

C. $C+O_2 \longrightarrow CO+Q$　　　　　$C+H_2O \longrightarrow CO+H_2-Q$

D. $CO_2+C \longrightarrow CO-Q$　　　　　$C+H_2O \longrightarrow CO+H_2-Q$

8. 固定床发生炉中，原料层可以分为五层：_____。

9. 气流床气化原料粒度：_____；排渣方式：_____；加料方式：_____。

二、思考与分析

1. 什么是固态排渣和液态排渣？两种排渣方式的气化温度和灰熔点有何关系？

2. 你是否对三种气化方法有了一定的了解，下面的问题你能回答上来吗？

三种气化方法中_____气化法产品煤气中含有焦油；

三种气化方法中_____气化法产品煤气中粉尘量大；

三种气化方法中_____气化法是液态排渣；

三种气化方法中_____气化法煤的粒度最小，煤处理系统庞大；

三种气化方法中_____气化法煤的停留时间最久；

三种气化方法中_____气化法较适合大规模生产；

三种气化方法中_____气化法污水量大；

三种气化方法中_____气化法氧耗量最低。

单元 4　设计加压气化排灰、加煤方案

通过前面单元的学习，我们已经对三大气化方法进行了对比，经过分析可以看出，气流床气化是当前气化技术发展的主流方向。该类方法的气化技术种类繁多，我们可以将其大体再分为两类，一是常压气化，二是加压气化，由于常压气化生产能力受限制，设备放大困

难，考虑到生产能力，我们主要关注加压气化技术类。

本单元我们要解决一个问题，即加压气化加料和排灰的问题，为加压气化炉设计一个排灰、加煤方案。

 课前预习

---

1. 设计并绘制压力气化炉加煤原理示意图，并简述加煤方案。

要求：在保证气化压力的条件下，将常压系统煤加入压力气化炉内。

　　　原理图（铅笔绘制）：　　　　　　　　　　加煤方案：

2. 设计并绘制压力气化炉排灰原理示意图，并简述灰锁斗排灰方案。

要求：在保证气化压力的条件下，将压力气化炉内煤灰排入常压灰处理系统。

　　　原理图（铅笔绘制）：　　　　　　　　　　排灰方案：

📁 知识准备

一、加压气化炉加料、排灰的难点

1. 高压锅的事故案例

2009 年 11 月某日，梁某将高压锅放到煤气炉上开火煮鸭汤。其间，梁某记起还没有将配料放进锅内，于是想强行打开锅盖。但就在这一瞬间，只听"嘭"的一声巨响，锅盖猛然向上直飞而出，"啪"的一声击到了天花板上，将天花板击破了一大块，而高压锅内的鸭汤及鸭肉也随着强大的气流向外飞喷而出，滚烫的汤水及鸭肉喷到梁某身上，将他烫伤。

2. 加压气化炉加料、排灰的难点

我们把加压气化炉加压生产的情况想象成高压锅烹煮食物，那么如何在其加压生产时加料和排灰呢？一不能把压力泄掉，因为气化压力是气化非常重要的生产条件，二不能像梁某一样将其强行与常压系统相连进行加料和排灰，那么该如何在维持气化正常生产的同时对其加料和排灰呢？

二、神舟九号和天宫一号的启示

2012 年 6 月，我国神舟九号（神九）与天宫一号（天一）完美对接，宇航员顺利进入天宫一号进行工作。在神舟九号与天宫一号确认对接完成后，宇航员打开返回舱舱门，进入

轨道舱，脱掉舱内航天服换上蓝色工作服，然后检查对接机构，包括检漏、充气调压等，再打开轨道舱的舱门，最后才能打开天宫一号的舱门，进入天宫内部。

神九、天一对接如图 1-7，对接机构为真空状态，而轨道舱是常压状态，这样轨道舱的舱门被压力死死顶住无法打开，宇航员景海鹏为打开此门，对对接机构进行充气赋压，使对接机构与轨道舱压力平衡（检漏、充气、调压），之后打开了轨道舱舱门，进而进入天宫一号。你能从中得到什么启示，能否为压力气化炉加煤、排灰提出解决方案？

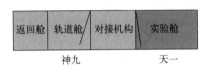

图 1-7　神九、天一对接示意图

三、锁斗

气化系统锁斗分为煤锁斗和灰锁斗，其中煤锁斗是加压气化干法进料中的必备设备，灰锁斗也是加压气化的必备设备。锁斗的主要作用是连接两个压力等级差别很大的设备，相当于一个缓冲器，一般由锁斗罐与高压部分连接的两道阀门及与低压部分连接的两道阀门组成。水煤浆进料的气化炉可以用煤浆泵将煤浆加压至想要的压力，故不需要煤锁斗。

M1-5　锁斗顺序控制

煤锁斗是输煤用的，为压力容器，煤锁斗负责将常压的粉煤和碎煤加压，输送到粉煤给料罐或者气化炉，收煤和加煤均遵照锁斗循环逻辑，工作过程是间歇的，按照锁斗循环逻辑进行工作，以一定时序完成。灰锁斗主要作用是排灰，也是一个压力容器，是可定期收集和排放固体渣的水封体系，收渣和排渣均遵照锁斗循环逻辑，以一定时序完成。

1. 锁斗程序的三种操作模式

自动模式，锁斗按照逻辑程序一步一步完成，不需要操作人员确认条件。单个步骤模式，每一步都要接受操作人员的指令，程序在满足锁斗逻辑的条件下，完成各步骤。手动模式，操作人员可以将锁斗程序调到任何一步，如果没有满足进行该步骤的许可条件，操作人员可以越过程序许可条件，操作任何一个锁斗阀。

2. 锁斗循环操作特点

以灰锁斗为例，锁斗的"循环时间"是指在一个循环周期内完成全部步骤所需的时间。通常，循环时间中渣的收集时间占绝大比例。如循环时间超时，则锁斗系统会发出报警。

"收渣时间"一般是指锁斗收渣阀开着的时间。通常，收渣时间为二十几分钟，但仪表可在更宽的范围内调节。"排渣时间"一般是指锁斗出口阀从开始打开到关闭之间的时间。

锁斗程序中每个阀门的行程必须达到其终点位置，锁斗循环才能继续进行。如果所要求的阀门行程没有到位，则锁斗循环停止，并发出报警。一旦循环停止，报警会指示故障原因。每一个锁斗阀都在 DCS 上显示其所处的状态，即开启或关闭。

为防止操作人员误操作或控制器失灵而危及安全生产，程序中一般设定锁斗入口阀不能与出口阀同时开启。

课后习题

一、基本知识

1. 灰锁斗充压目的：_____。

2. 灰锁斗泄压目的：_____。

3. 灰锁斗的四大步工作循环：_____、_____、_____、_____。

4. 煤锁斗的四大步工作循环：_____、_____、_____、_____。

5. 水煤浆进料的气化技术不需要_____（煤锁斗/灰锁斗）。

二、思考与分析

1. 在系统正常运行中，灰锁斗容易出现渣堵问题，导致生产不能正常进行。更严重的是当锁斗渣堵过于严重，且时间较长，不能进行收渣时，系统就必须减负荷运行，甚至停车处理，那么该如何判断渣堵现象的发生呢？试着提出判断方法。

2. 试着说一说锁斗出现渣堵该如何处理？

空气分离方法选择及过程分析

 学习目标

通过对空气分离（行业上习惯称为"空分"）方法选择及过程分析，能够了解空气分离的方法、理解空气分离的基本原理、熟悉空气分离的主要设备，并能分析空气分离装置流程，理解空气分离工艺的原理、特点。

归纳对比空气分离方法的特点、适应范围，认识常见空气分离工艺的方法和特点，能够分析空气分离的流程及流程设计的特点。

 学习导入

气流床加压气化法的气化剂为纯氧气和水蒸气，其中水蒸气的获得比较容易且来源广泛，纯氧气作为气化剂，可加快反应速度，提高产品质量，但是纯氧气的来源受到了限制，纯氧气来源于配套的空分装置，所以需要配套制氧工艺为其制备合格的气化剂——氧气，自然界空气中氧气含量大概占21%，而现阶段化工行业的用氧都是通过将空气分离来制备氧气。

本模块是课程的第二阶段工作，主要目的是为气流床加压气化法解决氧气来源的问题，即选定一种空分方法，并对这种空分方案原理、工艺、设备进行分析。

单元1　分析空分深冷法原理及工序

为了给气化工艺提供合格的气化剂——纯氧气，我们首先需要对现有的空分方法进行分析，选择一种适合气流床加压气化技术的空分方法，本单元目的是了解工业上空分的方法，分析、理解空分深冷法基本原理。

🌱 课前预习

1. 查阅资料，比较三种工业空分方法。

项目	深冷法	膜分离法	吸附法
分离原理			
工艺流程复杂程度			

续表

项目	深冷法	膜分离法	吸附法
操作温度比较			
设备结构复杂程度			
安全性比较			
适用场合			

大型煤气化装置配套空分，制取高纯氧、高纯氮气，宜选择：＿＿＿＿＿＿。

2. 空分深冷法基本工序分析。

① 净化——分析总结危害杂质。

杂质	危害	处理办法
水、二氧化碳		
乙炔（碳氢化合物）		
机械杂质		

② 液化——分析对比两种制冷方法。

制冷方法	原温度对制冷效果影响	是否需要预冷	温降效果（同压降）	焓变	熵变	是否可逆	温度变化	压力变化
节流膨胀								
膨胀机的绝热膨胀								

获得低温的通常做法：＿＿＿＿＿＿＿＿＿＿＿＿＿＿＿＿＿。

③ 分离——分析双级精馏塔基本结构。

项目	作用
下塔	
上塔	
冷凝蒸发器（主冷）	

📁 知识准备

一、空气的组成和性质

要进行空气分离，我们先要了解空气的组成和性质，见表 2-1。

空分简单地说就是利用物理或者化学方法将空气混合物中各组分进行分离，获得高纯氧气和高纯氮气以及一些稀有气体的过程。

表 2-1 空气的组成和性质

组分	氧	氮	氩	氖	氦	氪	氙	氢	臭氧	二氧化碳	其他
分子式	O_2	N_2	Ar	Ne	He	Kr	Xe	H_2	O_3	CO_2	
体积分数/%	20.93	78.03	0.932	$(1.5\sim1.8)\times10^{-3}$	$(4.6\sim5.3)\times10^{-4}$	1.08×10^{-4}	8×10^{-6}	5×10^{-5}	$(1\sim2)\times10^{-6}$	0.03	C_nH_m
质量分数/%	23.1	75.6	1.286	1.2×10^{-3}	7×10^{-3}	3×10^{-4}	4×10^{-5}	3.6×10^{-6}	2×10^{-5}	0.046	H_2O
沸点 ℃	-182.97	-195.79	-185.86	-246.08	-268.938	-153.4	-108.11	-252.76	-111.9	-78.44（升华）	氮氧化物
沸点 K	90.18	77.36	87.29	27.07	4.212	119.75	165.04	20.39	161.25	194.7（升华）	

二、空分方法分析和选择

空气中的主要成分是氧和氮，它们分别以分子状态存在，均匀地混合在一起，通常要将它们分离出来比较困难，目前工业上主要有 3 种实现空气分离的方法。

M2-1 空分方法及分类

1. 深冷法（低温法）

氧、氮、氩和其他物质一样，具有气、液、固三态。在常温常压下它们呈气态。在标准大气压下，氧被冷凝至 -183℃，氮被冷凝至 -196℃，氩被冷凝至 -186℃即会变为液态，氧和氮的沸点相差 13℃，氩和氮的沸点相差 10℃，深冷法就是充分利用其沸点的不同将其进行分离。

将混合物空气压缩、膨胀和降温，直至空气液化，然后利用氧、氮气化温度（沸点）的不同，沸点低的氮相对于氧更容易气化的特性，在精馏塔内让温度较高的蒸气与温度较低的液体不断相互接触，低沸点组分氮较多地蒸发，高沸点组分氧较多地冷凝，使上升蒸气氮含量不断提高，下流液体中的氧含量不断增大，从而实现氧、氮的分离。

要将空气液化，需将空气冷却到 -173℃以下的温度，这种制冷称为深度冷冻（深冷），而利用沸点差将液态空气分离为氧、氮、氩的过程称为精馏过程。深冷与精馏的组合是目前工业上应用最广泛的空气分离方法。

2. 吸附法

利用多孔性物质——分子筛对不同的气体分子具有选择性吸附的特点，对气体分子不同组分进行有选择性地吸附，达到单高纯度的产品。

吸附法是让空气通过充填有某种多孔性物质——分子筛的吸附塔，如分子筛 5A、13X等对氮具有较强的吸附性能，可让氧分子通过，因而可得到纯度较高的氧气；如碳分子筛等对氧具有较强的吸附性能，可让氮分子通过，因而可得到纯度较高的氮气。

吸附剂的吸附容量有限，当吸附某种分子达到饱和时，就没有继续吸附的能力，需要将被吸附的物质驱除，才能恢复吸附的能力。这一过程叫作"再生"。因此，为了保证连续供气，需要有两个以上的吸附塔交替使用。再生的方法可采用加热提高温度的方法（TSA），或降低压力的方法（PSA）。

吸附法流程简单、操作方便，运行成本较低，但要获得高纯度的产品较为困难，产品氧纯度在 93％左右。并且，它只适宜于容量不太大（小于 $4000m^3/h$）的分离装置。

3. 膜分离法

利用一些有机聚合物膜的渗透选择性，当空气通过薄膜（$0.1\mu m$）或中空纤维膜时，氧气穿透过薄膜的速度约为氮的 $4\sim5$ 倍，从而可以实现氧、氮的分离。这种方法装置简单、操作方便、启动快、投资少，但富氧浓度一般适宜在 35％～40％，规模也只适宜中小型，所以只适用于富氧燃烧和医疗保健等方面。

三、深冷空分法的原理和基本工序

1. 基本原理

将空气冷凝成液体，然后按各组分蒸发温度的不同将空气分离。处于冷凝温度的氧、氮混合气穿过比其温度低的氧、氮组成的混合液体时，气体会部分冷凝，转变为液体并放出冷凝潜热，沸点较高的氧较多地冷凝，这样蒸气中的氮浓度越来越高，液体则吸收热量而蒸发，沸点较低的氮较多地蒸发，液体中的氧浓度越来越高，每经过一次蒸发和冷凝过程，气体中氮组分增加，而液体中氧组分也增加。如果这种同时发生的部分蒸发和部分冷凝过程进行多次，那么混合物中的氧和氮便可分离。

2. 基本工序

深冷空分法又称液化精馏法（低温法），是大型化工生产的首选方法，占整个市场的85％左右，这种方法基本工序分为：空气净化、空气液化、空气分离三个工序。

（1）空气净化

① 目的。空气净化的目的是脱除空气中所含的机械杂质、水蒸气、二氧化碳、碳氢化合物（主要为乙炔）等杂质，以保证空分装置顺利进行和长期安全运转。这些杂质在空气中的一般含量见表 2-2。

表 2-2　空气中主要杂质含量

机械杂质/（g/m³）	水蒸气/％	二氧化碳/％	乙炔/（mg/m³）
0.005～0.01	2～3	0.03	0.001～1

② 杂质的危害和处理方法。

固体机械杂质会磨损压缩机，通常采用过滤与水洗的方法除去；水、二氧化碳，在低温下会堵塞管路和设备，通常采用吸附法和冻结法脱除；乙炔（碳氢化合物），会和纯氧产品形成爆炸性混合物而引起爆炸，通常采用吸附法分离。

吸附是利用一种多孔性固体物质吸取气体（或液体）混合物中的某种组分，使该组分从混合物中分离出来的操作。空分系统中常用的吸附剂有硅胶、活性氧化铝和分子筛等。吸附剂的再生是吸附的吸附质脱附的过程，用干燥的热气流流过吸附剂床层，在高温的作用下，被吸附的吸附质脱附，并被热气流带走。

分子筛是人工合成泡沸石，硅铝酸盐的晶体，呈白色粉末，加入黏结剂后可挤压成条状、片状和球状。分子筛经加热失去结晶水，晶体内形成许多孔穴，其孔径大小与被吸附气体分子直径相近，且非常均匀。它能把小于孔径的分子吸进孔隙内，把大于孔径的分子挡在孔隙外。因此，它可以根据分子的大小，把各种组分分离，"分子筛"亦由此得名。

在空分上常用的分子筛为 13X 型，13X 型分子筛化学通式为 Na_{86} $[(AlO_2)_{86} \cdot (SiO_2)_{106}] \cdot mH_2O$，能吸附临界直径 $<10\text{Å}$ 的分子。分子筛无毒、无味、无腐蚀性，不溶于水及有机溶剂，但能溶于强酸和强碱。

分子筛中毒问题：对分子筛有害的杂质有二氧化硫、氧化氮、氯化氢、氯、硫化氢和氨等，这些成分被分子筛吸附后又遇到水分的情况下，会与分子筛发生反应而使分子筛的晶格发生变化。它们与分子筛的反应是不可逆的，因而降低了分子筛的吸附能力。随着使用时间的延长，吸附器的运转周期会缩短。

空气预冷法防分子筛中毒：一般情况下，在分子筛吸附器前面设置有空气预冷系统，水预冷吸收，要求将空气中二氧化硫、氧化氮、氯化氢、氯、硫化氢和氨等有害物质的总量降至小于 1mL/m^3。

活性氧化铝与分子筛结合：活性氧化铝价格相对低一些，所以一般在处理空气温度较高的情况下（15～20℃左右），其空气中饱和含水量较大时，在下层设置活性氧化铝，对空气进行初步干燥，更经济、节能。所以，现在大中型空分中选择双层床吸附器较为普遍。

活性氧化铝，分子式 Al_2O_3，是一种具有多孔性、高分散度的固体物料，有很大的比表面积，既有良好的吸附性能，又有良好的耐压、耐磨损和耐热性能，具有抗压强度高、磨耗率低、不粉化、不爆裂等特点。

（2）空气液化

空气的液化是指将空气由气相变为液相的过程，目前采用的方法为给空气降温，让其冷凝。在空气液化的过程中，为了补充冷损、维持工况以及弥补换热器复热的不足，需要用到制冷循环。工业上空气液化常用两种方法获得低温，即空气的节流膨胀和膨胀机的绝热膨胀。

以空气的温度 T 为纵坐标，以熵 S 为横坐标，并将压力 p、焓 H 及它们之间的关系，直观地表示在一张图上，这个图就称为空气的温-熵图，简称空气的 T-S 图。在空气的液化过程中，用 T-S 图可表示出物系的变化过程，并可直接从图上求出温度、压力、熵和焓的变化值。

空气的温-熵图见图 2-1，向右上方倾斜的一组斜线为等压线，向右下方倾斜的一组斜线为等焓线，图下部山形曲线为饱和曲线，山形曲线的顶点 k 是临界点，通过临界点的等温线称为临界等温线。在临界点左边的山形曲线为饱和液体线，临界点右边的山形曲线为饱和气体线。临界等温线下侧和饱和液体线左侧的区域为液相区，临界等温线下侧和饱和气体线右侧，以及临界等温线以上的区域是气相区，山形曲线的内部是气液两相共存区，亦称为湿蒸气区。两相共存区内任意一点表示一个气液混合物。

① 节流膨胀（等焓膨胀、熵值增加）。

节流膨胀（简称节流）：当气体在管道中流动时，如遇到缩口和调节阀门等局部阻力时，其压力显著下降的现象。如果在节流过程中气体与环境之间没有热量交换，称为绝热节流。

在节流膨胀过程中没有外功的输出，因此，气体在绝热节流时，根据稳定流动能量方程式，可以得出：$H_1 = H_2$，即绝热节流前后的比焓值保持不变，这是节流过程的一个主要特征。

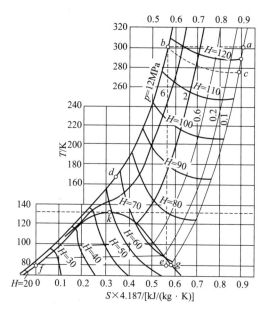

图 2-1　空气的温-熵图

由于节流时气流内部存在摩擦阻力损耗，所以它是一个典型的不可逆过程，其结果将导致熵的增加，这是节流过程的另一个主要特征。

连续流动的高压气体，在绝热和不对外做功的情况下，经过节流阀急剧膨胀到低压的过程，称为节流膨胀，如图 2-2，2→1 表示节流膨胀过程，$T_2 - T_1$ 即为节流前后温差。

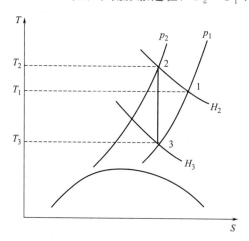

图 2-2　气体 T-S 图

大多数气体在经过节流膨胀后，一般温度会降低，这种温度变化叫作正焦耳-汤姆逊效应，空气中氮气和氧气就是如此，但少数气体在室温下节流后温度升高，这种温度变化叫作负焦耳-汤姆逊效应。

理想气体节流时，$\Delta U = 0$，$\Delta H = 0$，$\Delta T = 0$，这说明理想气体的节流过程前后比焓和温度均不变。而实际气体的比焓不仅是温度的函数，而且也是压力的函数，节流后的温度 T_2 可大于、等于或小于节流前的温度 T_1。微分节流效应与气体的种类及所处的状态有关，微分节流效应为零时压力与温度的对应关系曲线，称为转化曲线，如图 2-3。

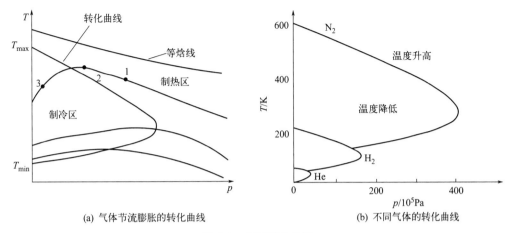

(a) 气体节流膨胀的转化曲线　　　　(b) 不同气体的转化曲线

图 2-3　气体转化曲线

气体节流膨胀的转化曲线：转化曲线把 p-T 平面分为两个区：制热区和制冷区。在制热区内，微分节流效应为负值，在制冷区内为正值。不同气体的转化温度不同，一般气体的转化温度 T_{max} 都高于环境温度，如氮气（604K），因此在环境温度下节流都有可能使之温度降低。但氦气（46K）、氢气（204K）和氖气（205K），它们的 T_{max} 远低于环境温度，因此，在环境温度下节流是不能让它们降温的。若要使它们温度降低必须采用预冷到 T_{max} 之后再节流的办法，且节流前气体温度越低，节流前后压差越大，气体节流膨胀降温效果越好。

② 膨胀机的绝热膨胀。

膨胀对外做功，绝热可逆膨胀，是制冷的重要方法之一。压缩气体经过膨胀机在绝热下膨胀到低压，同时输出外功的过程，称为膨胀机的绝热膨胀。由于气体在膨胀机内以微小的推动力逐渐膨胀，因此过程是可逆的。可逆绝热过程的熵不变，故膨胀机的绝热膨胀为等熵过程。如图 2-2，2→3 表示膨胀机膨胀过程，T_2-T_3 即为膨胀机膨胀前后温差。

气体经过等熵膨胀后温度总是降低的，主要原因是气体通过膨胀机对外做了功，消耗了气体的内能，另一个原因是膨胀时为了克服气体分子间的吸引力，消耗了分子的动能。膨胀机进口温度一定时，前后压差越大，温度降低越显著，当膨胀机前后压差一定时，提高进膨胀机气体的温度，则降温效果变大，单位质量工质的制冷量增加。

膨胀机的绝热膨胀比节流膨胀降温效果好，且气体无需预冷到转变温度以下，所以获得低温的通常做法，是气体先通过膨胀机绝热膨胀，使其温度降低，再经过节流过程，进一步将气体温度降低，直至使气体液化。

（3）空气分离

空气分离是将冷凝成液体的空气，按各组分蒸发温度的不同将其分离。空气的精馏根据所需的产品不同，通常有单级精馏和双级精馏，两者的区别在于，单级精馏以仅分离出空气中的某一组分（氧或氮）为目的，而双级精馏以同时分离出空气中的多个组分为目的。

单级精馏塔分离空气是不完善的，不能同时获得纯氧和纯氮，只有在少数情况下使用。为了弥补单级精馏塔的不足，便产生了双级精馏塔。

双级精馏塔包括下塔、上塔和冷凝蒸发器。下塔，低温空气在下塔进行初步分离，获得液氮和富氧液空。冷凝蒸发器，列管式换热器，联系上塔和下塔的换热。上塔，富氧液空在上塔进一步分离，得到纯氧和纯氮。

课后习题

一、基本知识

1. 氧、氮、氩三种组分中_____，的沸点最低，为_____。

2. 干净空气中按体积分数计算，氧气约占_____，氮气约占_____，氩气约占_____。

3. 分子筛吸附器主要吸附空气中的_____、_____、_____。

4. 空气分离的三种方法是_____、_____、_____。

5. 空气预冷系统的作用主要是：_____。

6. 节流膨胀过程是一个_____（等熵/等焓）过程，而膨胀机的理想绝热膨胀过程是一个_____（等熵/等焓）过程。

7. 对于膨胀机绝热膨胀来说，在理想情况下，熵的变化为零，为_____（可逆/不可逆）过程。

8. 空气分离有多种方法，目前大型空分设备主要采用_____。

9. 如果液氧中的_____含量超过一定的限度，有可能引起空分设备爆炸的严重后果。

10. 空气节流膨胀过程，节流前温度越_____（低/高），降温效果越好。

二、思考与分析

说一说空气中有哪些杂质？空分过程中为什么要除去？

单元2　分析外压缩工艺流程

空分按工艺流程分类，可以分为内压缩流程和外压缩流程，尽管用户采用何种工艺流程是出于自身需求的考虑，但是如果对空分行业的实际情况了解得并不非常清楚的话，这种选择多少也带有一点盲目性，本单元目的是分析空分外压缩法工艺特点，认识理解空分装置主要设备和工艺原理。

课前预习

1. 分析全低压外压缩流程简图，并将原料空气、氧产品工艺线路补充完整。

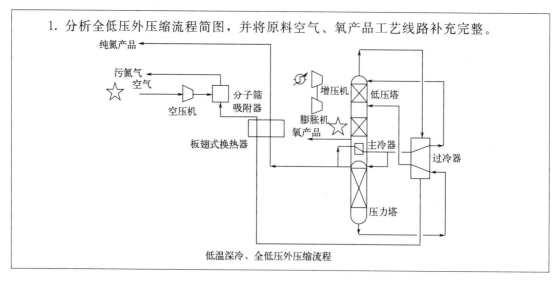

低温深冷、全低压外压缩流程

2. 分析总结外压缩流程特点。

① 精馏塔取氧：_____（液态/气态）；

② 纯氧压缩方法：_____；

③ 增压机-膨胀机之间关联：_____；

④ 分子筛吸附器作用：_____；

⑤ 分子筛吸附器再生方法：_____；

⑥ 空气入塔前获得冷量的方法：_____；

_____。

📁 知识准备

空分项目有部分采用外压缩流程，而有部分用户比较倾向于采用内压缩这种新的空分流程。外压缩流程与内压缩流程的制氧原理基本是一致的，其区别在于工艺设备不同，以及氧气压缩方法不同。下面我们先对外压缩流程的特点进行分析。低温深冷、全低压外压缩流程如图 2-4 所示。

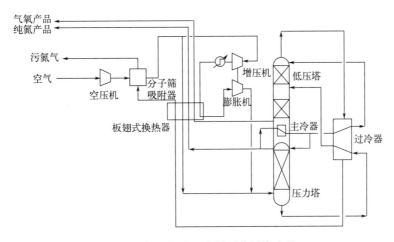

图 2-4 低温深冷、全低压外压缩流程

全低压外压缩流程就是空分设备生产低压氧气，然后经氧压机加压至所需压力供给用户，也称为常规空分。

一、空气流程

空气经空压机压缩，压缩空气通过分子筛吸附器，脱除空气中有害的碳氢化合物和高凝固点的水和二氧化碳，净化空气经板翅式换热器降温至接近液化温度，进入压力塔进行精馏。经分子筛吸附器后的净化空气，一部分经空气增压机加压，再经板翅式换热器降温后，进入膨胀机，通过对外做功获得冷量，降压降温后的空气进入压力塔进行精馏。

二、富氧液空流程

低温空气在压力塔中精馏，在压力塔底部得到富氧液空，富含氧的液态空气经过过冷器进一步降温后，节流进入低压塔，参与低压塔的精馏。

三、纯氮流程

低温空气在压力塔中精馏，在压力塔顶部得到纯氮产品，一部分纯氮通过板翅式换热器复热后，得到气氮产品；另一部分纯氮气通过主冷器与低压塔的液氧换热，氮气被液化，同时，低压塔侧的液氧被蒸发。液氮部分回流参与压力塔的精馏，部分经过冷器降温后送入低压塔顶。

四、纯氧流程

富氧液空、膨胀空气在低压塔中精馏，在低压塔底部得到纯氧，液氧与进入其中的主冷器中的气态纯氮换热，获得热量而气化，参与低压塔的精馏；纯气氧从低压塔液氧液面上部空间取出，通过板翅式换热器复热后，作为产品输出。

五、污氮流程

富氧液空、膨胀空气在低压塔中精馏，在低压塔顶部只能得到污氮气，污氮气经过过冷器和板翅式换热器复热后，再加热可作为分子筛吸附器的再生气源，对吸附器进行再生，再生后的污氮气放空。

外压缩流程氧气出冷箱为低压状态，仅比大气压稍高，产品温度接近于环境温度，需通过氧压机将氧气加压后送至用户，而一般的氧气透平压缩机出口压力最高约为 3.0MPa。

氧压机在设计制造中需要考虑的安全因素较多，氧压机燃爆的原因主要集中在与氧接触机件带油和气缸温度升高两大类因素上，且氧压机价格昂贵。

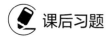 课后习题

一、基本知识

1. 外压缩流程是空分设备生产低压氧气，然后经＿＿＿＿＿＿＿＿加压至所需压力供给用户。

2. 外压缩流程出冷箱的氧气为低压状态，仅比＿＿＿＿＿＿＿＿稍高，一般的氧气透平压缩机出口压力最高约为＿＿＿＿＿＿MPa。

二、思考与分析

从高纯度氧气的特性谈一谈，为什么氧压机需要比其他气体压缩机具有更高的安全可靠性？你能想到在设计、使用或维护氧压机时宜采用的安全措施有哪些？

单元3　设计绘制内压缩工艺流程

本单元的目的是根据外压缩工艺和内压缩工艺的区别等信息，设计绘制内压缩工艺流程，从而认识两种工艺的本质区别。

🌱 课前预习

> 1. 分析内压缩流程与外压缩流程的工艺区别。
> ① 精馏塔取氧：_____（液态/气态）；
> ② 纯氧压缩方法：_____；
> ③ 增加的设备名称：_____；
> ④ 空气入塔前获得冷量的方法（绘图后填写）：_____
> _____
> _____。
>
> 2. 请参考全低压外压缩流程图，绘制全低压内压缩流程图。
> 全低压内压缩流程图（铅笔作图）：
> 3. 比较全低压外压缩流程与全低压内压缩流程（优缺点比较，至少提出3点）。
> ① _____。
> ② _____。
> ③ _____。

📁 知识准备

外压缩流程也称为常规空分，内压缩流程是相对于外压缩流程而言的。

一、全低压内压缩流程

内压缩流程就是取消氧压机，与常规外压缩流程的主要区别在于，产品氧的供氧压力由液氧在冷箱内经液氧泵加压达到，液氧在高压板翅式换热器中与高压空气进行热交换从而气化复热。

与外压缩流程相比，内压缩流程主要的技术变化在两个部分：精馏与换热。外压缩流程空分是由精馏塔直接产生低压氧气，再经主换热器复热出冷箱；而内压缩流程空分是从精馏塔抽取液氧，再由液氧泵加压至所需压力，然后再由一股高压空气与液氧换热，使其气化出冷箱作为产品气体。可以简单地认为，内压缩流程是用液氧泵加空气增压机取代了外压缩流程的氧压机。

全低压内压缩流程中，富氧液空流程、纯氮流程、污氮气流程同全低压外压缩工艺流程。只是空气流程和纯氧流程有所不同，有一股高压空气（或高压氮气）要吸收高压液氧（或液氮）的低温冷量而液化过冷，这股过冷的液体要送到下塔，下塔的压力常在0.6MPa左右，上塔的压力常在0.13MPa左右。

1. 空气流程

分子筛吸附器后的部分净化空气一部分经板翅式换热器与返流气体（纯氮气、污氮气等）换热达到接近空气液化温度后进入压力塔进行精馏。另一部分经过高压空气压缩机提压后，分成两路，一路通过增压机加压，加压后的高压空气在板翅式换热器中换热降温后，进入膨胀机，通过对外做功获得冷量，降压降温后的空气进入压力塔精馏；另一路高压空气通过高压空气氧气板翅式换热器与返流的高压氧进行换热降温后，高压空气节流制冷进入压力塔，参与压力塔的精馏。

2. 纯氧流程

全低压内压缩工艺从低压塔主冷底部取出液氧，经液氧泵加压至用户所需压力，然后进入高压空气氧气板翅式换热器内与高压空气换热，复热后的氧气产品直接输送到用户。

二、内压缩工艺与外压缩工艺的比较

① 内压缩不需要氧气压缩机。由于将液体压缩到相同的压力所消耗的功率比压缩同样数量的气体要小得多，并且液氧泵体积小，结构简单，费用比氧气压缩机便宜得多。

② 液氧压缩比气氧压缩更为安全。

③ 内压缩由于不断有大量液氧从主冷中排出，碳氢化合物不断从主冷中浓缩，有利于设备的安全运转。

④ 内压缩由于液氧复热、气化时的压力高，换热器的氧通道需承受高压，因此，换热器的成本将比原有流程提高，并且在设计时应充分考虑换热器的强度安全性。

⑤ 内压缩流程非常灵活，更适合于液体产品要求多和氧气终压高的用户。

⑥ 内压缩液氧气化的冷量充足，在换热器的热端温差较大，即冷损相对较大，为了保持冷量平衡，要求原料空气的压力较高，高压机的能耗有所增加。一般来说，空压机增加的能耗与液氧泵减少的能耗大致相等，设备费用也大体相当。

化工行业对用氧压力的要求一般比炼钢要高得多，一般在 4.0～9.0MPa 以上，所需的制氧规模也非常大，因此采用内压缩流程的空分设备就是唯一的选择了。

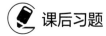 **课后习题**

一、基本知识

1. 内压缩流程产品氧的供氧压力是 ＿＿＿＿＿＿ 加压达到，液氧在 ＿＿＿＿＿＿ 与高压空气进行热交换从而气化复热。

2. ＿＿＿＿＿＿（内压缩/外压缩）更适合于氧气终压高的用户。

3. ＿＿＿＿＿＿（内压缩/外压缩）流程中，碳氢化合物不断在主冷中浓缩，有利于安全。

4. ＿＿＿＿＿＿（内压缩/外压缩）流程换热器的成本高，且换热器的强度安全性要求高。

二、思考与分析

压缩机作为化工行业的核心设备，其技术的发展直接关系到化工行业的发展，近代透平压缩机，因易于与工艺密切配合、充分利用能源等特点而发展迅速，在综合利用热量、降低成本中起着不可替代的作用。

查阅资料，了解我国的民族品牌，谈一谈你对我国压缩机制造业发展的认识。

单元 4　分析空分（深冷）设备及流程

通过前序单元的学习，我们对空分内压缩流程有了一定的认识，可以说，内压缩流程是符合目前大型气流床煤制气技术的发展要求的。

本单元我们将对空分内压缩流程和设备进行详细分析，我们以 KDON48000/80000 型空分装置简易流程为例，认识空分装置设备，理解工艺原理和装置操作特点。

 课前预习

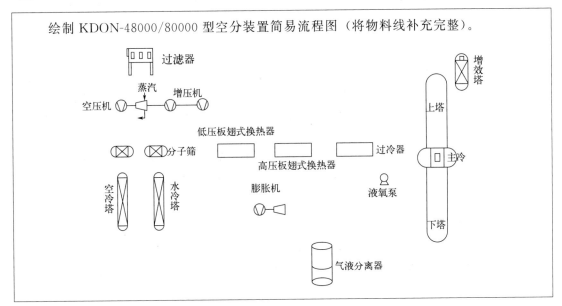

绘制 KDON-48000/80000 型空分装置简易流程图（将物料线补充完整）。

📁 知识准备

一、国产空分设备型号规定

国产空分设备型号的规定如下：

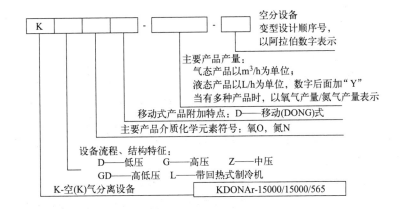

二、空分主要设备介绍

1. 透平压缩机

作用：对气体做功，提高能量，具备制冷能力。

驱动：驱动离心式空气压缩机的动力源有的是电动机，在一些拥有工业废热、废气等能源的领域，驱动机可以是蒸汽轮机或燃气轮机，这就派生出了"蒸汽透平驱动离心式压缩机"。蒸汽透平原动机利用多组高中低压的蒸汽喷嘴对多组叶片轮冲击做功使叶轮组旋转，将蒸汽的热能、压能转换为轮轴的机械能带动从动的离心式压缩机高速旋转。

使用：通过叶轮对气体做功，使其动能和压力能增加，气体的压力和流速得到提高。然后大部分气体动能转变为压力能，压力进一步提高。

2. 空冷塔

作用：把出空压机的高温气体（≤100℃）冷却到18℃，吸收掉二氧化硫、氮氧化合物、氯化氢等，防止黏附在分子筛壁面，堵塞分子筛通道，以改善分子筛的工作情况。

结构：立式圆筒形塔，分上下两部分，均为填料塔，塔顶设有分配器、不锈钢丝捕雾器，以防止工艺空气将游离水分带出。

使用：出空压机的空气从下部进入空冷塔，水通过布水器均匀地分布到填料上，顺填料空隙流下，空气则逆水而上与水进行热质交换，经不锈钢丝网捕雾器出塔，进入分子筛吸附系统。

3. 水冷却塔

作用：用空分塔来的污氮气冷却外界供水，后由水泵送入空冷塔的上段。

结构：填料塔，顶设捕雾器和布水器，填料分两层装入塔内，在两填料中间设再分配器，保证水始终均匀分布，提高水冷却塔的效率。

使用：被冷却的水自上而下流经填料，与空分塔出来的污氮气进行热质交换，使水冷却下来，在塔底被水泵抽走，污氮气从塔顶排出。

4. 分子筛吸附器

作用：吸附空气中的水分、CO_2、乙炔等碳氢化合物杂质，使空气净化。

结构：卧式圆筒体，内设支承栅架，以承托分子筛吸附剂，双层床结构，下层为活性氧化铝，主要吸附空气中的饱和水，上层为分子筛。

使用：空气经过分子筛床层时，将水分、CO_2、乙炔等碳氢化合物吸附，净化后的空气CO_2含量小于$1mL/m^3$。

再生：由分馏塔来的污氮气，经蒸汽加热器加热至170℃后，入吸附器加热再生（高温再生时，再生气经蒸汽加热器及电加热器加热至260℃后，入吸附器加热再生），脱附掉其中的水分及CO_2，再生结束再用分馏塔来的污氮气冷吹，然后排入大气放空。

两台吸附器中一台处于工作状态时（吸附），另一台则进行再生、冷吹备用。另一台吸附器由来自分馏塔的污氮气进行再生，吸附与再生循环交替进行，定时自动切换。

再生阶段包括如下四个步骤：

① 卸压：将吸附器内的压力由吸附工作压力卸至常压。

② 加温：再生污氮气由再生气加热器加热到所需再生温度后，通过吸附，使其吸附的杂质解吸。

③ 冷吹：将吸附器内的温度降至工作温度。

④ 充压：对吸附器进行充压，使其内压力达到吸附工作压力。

净化系统的自动切换通过顺序控制系统自动实现。

5. 主换热器（高压板翅式换热器、低压板翅式换热器）

作用：进行多股流之间的热交换。

结构：为多层板翅式，相邻通道间物流通过翅片进行良好的换热，如图 2-5 所示。组成包括隔板、波形翅片、封条。

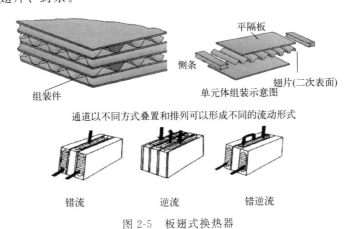

图 2-5　板翅式换热器

使用：经分子筛吸附除去水和 CO_2 的压缩空气与空分塔各返流气（液）在此换热，空气降温冷却，返流气（液）被加热。

6. 膨胀机

作用：膨胀过程中，有外功输出，需要消耗能量，气体温度降低，制冷。

增压透平膨胀机：膨胀机输出功驱动增压机，消耗掉由膨胀机输出的能量，将入膨胀机前的气体增压，使得入膨胀机的膨胀气体压力升高，从而提高膨胀机前后压差，使空气的压力进一步提高，增压后进入高压主换热器后入膨胀机膨胀产冷量。

结构：透平膨胀机是一种旋转式制冷机械，它由蜗壳、导流器、工作轮等部分组成。

使用：当具有一定压力的气体进入蜗壳后，被分配到导流器中，导流器上装有可调的喷嘴叶片。气体在喷嘴中将内部的能量转换成流动的动能，压力、焓降低，流速可增高200m/s 左右，当高速气流冲到叶轮的叶片上时，推动叶轮旋转，将动能转化为机械能，通过转子的轴驱动增压器对外做功。从整个过程看，气体压力降低是一个膨胀过程，同时对外输出了功。输出外功消耗了内部的能量，使温度降低、焓值减小，亦即从气体内部取走了一部分能量，就是通常所说的制得冷量。

7. 气液分离器

作用：分离膨胀降温后空气中的液体。气体在膨胀机内膨胀时，温度显著降低。膨胀机内气体的温度低于当时压力所对应的气体液化温度，因此部分气体液化。

8. 主冷（冷凝蒸发器）

作用：下塔氮气冷凝和上塔液氧蒸发用，是上塔的蒸发器和下塔的冷凝器，以维持精馏过程的进行。

在冷凝蒸发器中，上塔的液氧吸收热量而蒸发成气氧，下塔的气氮放出热量而冷凝成液氮。即液氧的温度比气氮的温度要低。我们知道，在 1atm（1atm＝1.01×10^5 Pa）下，氧的液化温度比氮要高 13℃ 左右，在这种情况下，液氧要冷却气氮并使之液化是不可能的。

由于液化温度与压力有关，随着压力的升高，液化温度升高。如氮在 1atm 时，液化温度为−195.8℃，而在 6 个大气压下的液化温度为−177℃，升高了约 18℃，这样使液氧冷却气氮并使之液化成为可能。

结构：为多层板翅式，相邻通道间物流通过翅片进行良好的换热。

使用：其一般置于上下塔之间，下塔上升的氮气在其间被冷凝，而上塔回流的液氧在其间被蒸发。如上所述，该过程得以进行是因为氮气压力高，液氧压力低，才可以进行氮气的冷凝和液氧的蒸发。

M2-2　双级精馏塔

9. 空分塔的下塔和上塔

作用：精馏场所，利用混合气体中各组分的沸点不同，将其分离成所要求纯度的组分。

一般的精馏塔是在下塔将空气初步精馏，分离成富氧液空和纯氮，然后再将下塔来的物料于上塔进一步精馏得到氧气和氮气，联系上下塔的纽带是主冷，采用双级精馏塔的优点是产品有较高的提取率，同时可以制取氮和氧的双高产品，产品的能耗较低。

采用单级精馏塔，也能制取氧、氮产品，但只能分别制取其中一种高纯产品，而且氧、氮损耗大且提取率差，能耗高，作为分离空气的设备是不完善的，因此实际采用较少。

结构：塔体为圆筒形，下塔为多层筛板，上塔内装规整填料及液体分布器。

使用：下塔精馏过程中，液体自上往下逐一流过每块筛板，低沸点组分逐渐蒸发，高沸点组分逐渐液化，塔顶就获得低沸点的纯氮，在塔底就获得高沸点的富氧液空组分。

上塔精馏过程中，气体穿过分布器沿填料盘上升。液体自上而下通过布水器均匀地分布在填料盘上，上升气体中低沸点氮含量不断提高，高沸点组分氧被大量洗涤下来，形成回流液最终在塔顶得到低沸点的纯氮，塔底得到了高沸点的液氧。

10. 液空液氮过冷器

作用：对从下塔去往上塔的低温液体进行过冷，防止减压气化。

下塔的富氧液空和污液氮，液氮是通过节流阀节流后提供给上塔作为回流液的。饱和液体经过节流后，压力降低，其相应的饱和温度也会降低，这样节流后的液体将会产生部分气化，使得上塔的回流液减少，对精馏不利，所以设置了过冷器，使富氧液空、污液氮、液氮经过冷器回收上塔污氮气、氮气的冷量，变成过冷液体，过冷液体再经过节流后，气化率会降低，从而保证供给上塔足够的回流液，提高精馏效率，提高氧的回收率。

结构：为多层板翅式，相邻通道间物流通过翅片进行良好的换热。

11. 增效塔

作用：去除氧气中含有的氩气，提纯氧气。

结构：圆筒形填料塔，塔内相邻两段填料之间设置分布器，以利于液体在塔内均匀分布。

使用：在增效塔内，气态氩馏分沿填料盘上升，由于氧的沸点比氩高，高沸点的组分氧被大量地洗涤下来，形成回流液返回上塔。因此上升气体中的低沸点组分（氩）含量不断提高，最后在增效塔顶部得到含氧≤12%，含氩 85% 的粗氩气，大部分粗氩气在粗氩冷凝器中被液空冷凝成粗液氩，作为增效塔的回流液体，粗氩气经过低压换热器被正流空气复热到常温导入水冷塔或者放空。

12. 节流阀

作用：在空分装置中一般采用两种方法获得低温，一是空气在节流阀中（节流）膨胀；二是空气在膨胀机中（绝热）膨胀。节流是高压流体气体在稳定流动中，遇到缩口或调节阀门等阻力元件时由于局部阻力而产生的，过程中压力显著下降。

13. 冷箱

平常看到的只是一个巨大的长方形金属"箱子"，是一组高效、绝热保冷的低温换热设备。它由结构紧凑的高效板式换热器和气液分离器所组成。因为低温极易散冷，要求极其严密的绝热保冷，故用绝热材料把换热器和分离器均包装在一个箱形物内，称之为冷箱。

三、 KDON-48000/80000 型空分装置流程说明

下面以图 2-6 KDON-48000/80000 型空分装置为例，介绍空分装置流程。

1. 空气净化

（1）过滤及压缩

原料空气自吸入口吸入，经自洁式空气过滤器除去灰尘及其他机械杂质，空气经过滤后经离心式空压机压缩至 0.5MPa 后经空气冷却塔预冷，空气自下而上穿过空气冷却塔，在冷却的同时，又得到清洗。

（2）预冷

进入空冷塔的水分为两段。下段为凉水塔来的冷却水，经循环水泵加压入空冷塔中部自上而下出空冷塔回凉水塔。上段为水冷塔来的冷却水，经水冷塔与由分馏塔来的污氮气冷却后，由冷冻水泵加压送入空冷塔顶部，自上而下出空冷塔回凉水塔。空气经空冷塔冷却后，温度降至 18℃。

（3）纯化

空气经空冷塔冷却后进入切换使用的分子筛纯化器 1# 或 2#，空气中的二氧化碳、碳氢化合物及残留的水蒸气被吸附。

分子筛吸附器为卧式双层床结构，下层为活性氧化铝，上层为分子筛，两台吸附器切换工作。当一台吸附器工作时，另一台吸附器则进行再生、冷吹备用。

2. 空气液化

空气经纯化后，由于分子筛的吸附热，温度升至约 20℃，然后分两路：

第一路：空气在低压主换热器中与返流气体（纯氮气、压力氮气、污氮气等）换热达到接近空气液化温度约 −173℃ 后进入下塔进行精馏；

第二路：空气进入增压空气压缩机Ⅰ段进行增压，压缩后的空气又分为两部分：

a. 相当于膨胀空气的这部分空气从增压空气压缩机的Ⅰ段抽出，经膨胀机驱动的增压机，消耗掉由膨胀机输出的能量，使空气的压力进一步提高，增压后进入高压主换热器，被返流气体冷却至 152K（−121℃）抽出，进入膨胀机膨胀制冷，膨胀后的空气，经气液分离器分离后气体部分进入下塔，液体经节流后送入粗氩冷凝器（液空冷源）。

b. 另一部分继续进增压空气压缩机的Ⅱ段增压，从增压空气压缩机的Ⅱ段抽出后，进入高压主换热器，与返流的液氧和其他气体换热后冷却至 106K（−167℃）经节流后进入下塔中部。

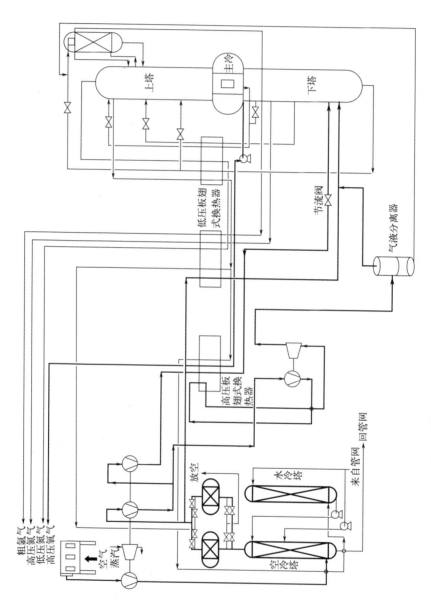

图 2-6　KDON-48000/80000 型空分装置流程

3. 空气精馏

（1）下塔精馏

在下塔中，空气被初步分离成顶部氮气和底部富氧液态空气。

顶部氮气：顶部氮气在主冷凝蒸发器中液化，同时主冷凝蒸发器的低压侧液氧被气化。绝大部分液氮作为下塔回流液回流到下塔，其余液氮经过冷器，被纯氮气和污氮气过冷并节流后送入上塔顶部作为上塔回流液。

压力氮气：压力氮气从下塔顶部引出来，在低压主换热器中复热后出冷箱。

污液氮：在下塔下部得到污液氮，经过冷器过冷后，节流至上塔上部参与精馏。

富氧液态空气：从下塔底部抽出的富氧液空在过冷器中过冷后，一部分作为粗氩冷凝器冷源，另一部分经节流送入上塔中部作回流液。

（2）上塔精馏

经上塔的精馏，在上塔顶部得到产品氮气，在上部得到污氮气，底部得到液氧。

液氧：液氧从上塔底部通过管道导入主冷凝蒸发器中，在主冷凝蒸发器中被来自下塔的压力氮气气化，气化后的低压工艺氧气通过管道导入上塔。液氧在主冷凝蒸发器底部导出经高压液氧泵加压，然后在高压换热器复热后以 4.7MPa（G）的压力作为气体产品出冷箱。

污氮气：污氮气从上塔上部引出，并在过冷器中复热后，部分经低压主换热器中复热后作为分子筛吸附器的再生气体；余其在高压主换热器中复热后，进入水冷塔作为冷源。

纯氮气：纯气氮从上塔顶部引出，在过冷器及低压主换热器中复热后出冷箱，作为产品送往氮压机，多余部分送往水冷塔中作为冷源冷却外界水。

氩馏分：从上塔相应部位抽出氩馏分送入粗氩冷凝器，粗氩冷凝器采用过冷后的液空作冷源，氩馏分直接从增效塔的底部导入，上升气体在粗氩冷凝器中液化，得到粗液氩和粗氩气，前者作为回流液入增效塔，而后者进入低压换热器复热到常温送出冷箱；在粗氩冷凝器蒸发后的液空蒸气和底部少量液空同时返回上塔。

课后习题

一、基本知识

1. _____ 是连接上下塔，使二者进行热量交换的设备，对下塔是 _____，对上塔是 _____。

2. 为了提高氧的提取率，在空分装置中设置了 _____。

3. 分子筛吸附器再生的方法是（　　）。
　A. 降温再生　　　　B. 加热再生　　　C. 更换吸附剂再生

4. （　　）系统是保证获得预定产品产量和纯度的关键设备。
　A. 压缩　　　　　　B. 换热　　　　　C. 制冷　　　　　D. 精馏

5. 分子筛吸附器下层装氧化铝的目的是吸附 _____。

6. 压力氮气来自下塔 _____ 部，在冷凝蒸发器内放出热量而冷凝成液氮，作为上下塔的 _____，参与精馏过程。

7. 当压力一定时，气体的含氮量越高则液化温度越 _____。

8. 空分系统冷量的多少可根据冷凝蒸发器 _____ 的涨落进行判断，如果液面 _____，说明冷量不足，反之，则冷量过剩。

9. 在下列结构件中，不属于板翅式换热器的是（　　）。

A. 翅片板　　　　　B. 隔板　　　　　C. 封条　　　　　　D. 浮头

10. 在正常生产中，冷凝蒸发器氮侧温度比氧侧温度（　　　）。

A. 高　　　　　　　B. 相同　　　　　C. 低　　　　　　　D. 无法比较

二、思考与分析

1. 为什么有的分子筛采用双层床？

2. 你能否结合 KDON-48000/80000 型空分装置流程中阀门启闭情况说一说两台分子筛吸附器是如何切换工作的。

3. 你觉得空冷塔是否可以置于分子筛吸附器之后？为什么？

4. 珠光砂在大中型空分装置中作保冷材料有何优点？

5. 什么叫分子筛？有哪几种？有什么特性？

模块三

煤炭气化技术选择

 学习目标

掌握几种代表性气化技术的核心设备、技术特性。

能够分析几种气化技术关键设备、技术原理、技术优缺点、各自适用情况、工业业绩，从中分析出适合当地煤化工产业区域情况的一种气化技术，从而认识当前气化技术主流方向和技术热点，对气化技术的发展、技术的选择形成自己的意见。

学习导入

煤炭气化技术可以说是煤化工产业中的基础技术、龙头技术、公共技术，在世界范围内经过几十年的开发和应用，已经形成了以 Lurgi（鲁奇）、 AP 水煤浆（德士古）、 Shell（壳牌）、 HTW、GSP 等为代表的工业化煤气化技术，很多国内企业仍然使用落后的固定床炉型； Lurgi（鲁奇）、AP 水煤浆（德士古）气化技术经过二十余年的引进和吸收再创新，装备生产和应用均已达到商业化水平， Shell 技术、 GSP 技术也推动了国内气化技术的发展，新技术层出不穷，如水煤浆四喷嘴对置气流床气化技术、干煤粉气流床气化技术、灰熔聚流化床气化技术等。

目前可供选择的国内外先进的气化技术有很多，选择哪种技术，用户都有出于自身情况的考虑，目前国内对煤气化技术的选择和讨论主要集中在第二代气流床气化技术 AP 水煤浆或国内多喷嘴、Shell 和 GSP、 HT-L、清华炉和东方炉等。我们这里仅对 Shell、 AP 水煤浆、 GSP 和 HT-L 等具有代表性的技术进行分析和对比。

单元 1　分析固定床气化技术（选学）

自 2006 年起，国家大力推广以粉煤加压气化技术和新型水煤浆气化技术为代表的新型气流床煤气化技术，但是国内还有很多固定床气化技术在应用，本单元我们将了解和分析一些典型的固定床气化技术，以便后期可以和先进的气流床气化技术对比。

🌱 课前预习

1. 分析讨论下列问题：

① UGI 煤气化炉间歇法制水煤气的六个阶段工作循环；

② 补全鲁奇三代 Mark-Ⅳ 型加压气化炉各部位名称：

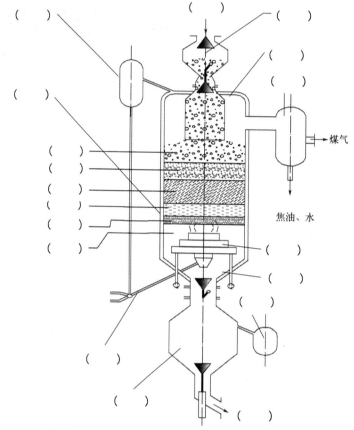

③ 绘制液态排渣鲁奇（BGL）炉示意图。

2. 制作交流 PPT：

请查阅资料，选择一种固定床气化技术，制作固定床气化技术交流 PPT（内容涵盖：核心设备情况、技术特点和技术发展情况等）。

📁 知识准备

固定床气化也称移动床气化，一般以块煤或焦煤为原料。煤由气化炉顶加入，气化剂由炉底加入。气化炉内流动气体的上升力不致使固体颗粒的相对位置发生变化，即固体颗粒处于相对固定状态，床层高度亦基本保持不变，因而称为固定床气化。另外，从宏观角度看，由于煤从炉顶加入，含有残碳的炉渣自炉底排出，气化过程中，煤粒在气化炉内逐渐并缓慢往下移动，因而又称为移动床气化。固定床气化的特点是简单、可靠。由于气化剂与煤逆流接触，气化过程进行得比较完全，且使热量得到合理利用，因而固定床气化具有较高的热效率。

固定床气化炉常见有间歇式气化炉（UGI）和连续式气化炉（鲁奇 Lurgi）两种。前者用于生产合成气时一定要采用白煤（无烟煤）或焦炭为原料，以降低合成气中 CH_4 含量，国内有数千台这类气化炉，弊端颇多；后者国内多用于生产城市煤气，该技术的煤气初步净化系统极为复杂，不是公认的首选技术。

固定床间歇式气化炉（UGI），以块状无烟煤或焦炭为原料，以空气和水蒸气为气化剂，在常压下生产合成原料气或燃料气。该技术 1935 年引进国内，投资少，容易操作，目前已是落后的技术，其气化率低、原料单一、能耗高，间歇制气过程中，大量吹风气排空，每吨合成氨吹风气放空多达 $5000m^3$，放空气体中含 CO、CO_2、H_2、H_2S、SO_2、NO_x 及粉灰；煤气冷却洗涤塔排出的污水含有焦油、酚类及氰化物，造成环境污染。我国中小化肥厂有 900 余家，多数厂仍采用该技术生产合成原料气。随着能源政策和环境的要求越来越高，不久的将来，会逐步被新的煤气化技术所取代。

一、固定床间歇式气化炉（UGI）

水煤气是由炽热的炭和水蒸气反应所生成的。燃烧时呈蓝色，所以又称为蓝水煤气。需提供水蒸气分解所需的热量，采用交替用空气和水蒸气为气化剂的间歇气化法。

1. UGI 煤气化炉

如图 3-1，UGI 煤气化炉是一种常压固定床煤气化设备，原料通常采用无烟煤或焦炭，一般用于间歇式操作生产制造水煤气。

发生炉由上锥体、水夹套、炉箅传动装置、出灰机械及炉底壳等五个主要部分组成。

炉子为直立圆筒形结构。炉体用钢板制成，下部设有水夹套以回收热量，副产蒸汽，上

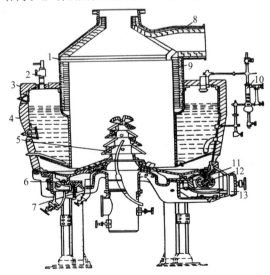

图 3-1 UGI 煤气化炉示意图

1—外壳；2—安全阀；3—保温材料；4—夹套锅炉；5,7—炉箅；6—灰盘接触面；
8—保温砖；9—耐火砖；10—液位计；11—涡轮；12—蜗杆；13—油箱

部内衬耐火材料,炉底设转动炉箅排灰。设备结构简单,易于操作,一般不需用氧气作气化剂,热效率较高,但是生产强度低,对煤种要求比较严格,采用间歇操作时工艺管道比较复杂。

2. 间歇法制水煤气

间歇法制水煤气,主要由吹空气(蓄热)、吹蒸汽(制气)两个阶段组成,但为了节约原料,保证水煤气质量,正常安全生产,还需要一些辅助阶段。其缺点是生产必须间歇,阀门频繁切换,生产效率低。六阶段工作循环如图 3-2 所示。各阶段时间分配如表 3-1 所示。

六阶段工作循环:

① 吹风阶段。吹入空气,使部分燃料燃烧,将热能积蓄在料层中,废气经回收热量后排入大气。

② 蒸汽吹净阶段。由炉底吹入蒸汽,把炉上部及管道中残存的吹风废气排出,避免影响水煤气的质量。

③ 一次上吹制气阶段。由炉底吹入蒸汽,利用床内蓄积的能量制取水煤气,煤气送气柜。

④ 一次下吹制气阶段。上吹制气后,床层下部温度降低,气化层上移,为了充分利用料层上部的蓄热,用蒸汽由炉上方往下吹(使气化过程在一个稳定、温度均匀的区域进行),制取水煤气,煤气送气柜。

⑤ 二次上吹制气阶段。下吹制气后炉底部残留水煤气,安全起见,先吹入蒸汽,所得煤气仍送气柜。

⑥ 空气吹净阶段。由炉底吹入空气,把残留在炉上部及管道中的水煤气送往气柜回收,以免随吹风气逸出而损失。

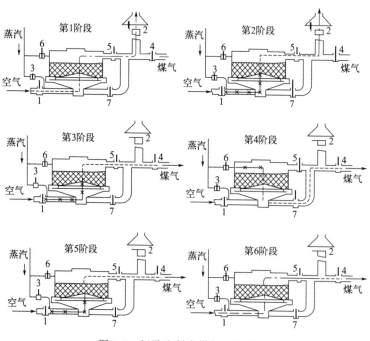

图 3-2 间歇法制水煤气工作循环

表 3-1 循环各阶段时间分配表

序号	阶段名称	3min 循环/s	4min 循环/s
1	吹风阶段	40～50	60～80
2	蒸汽吹净阶段	2	2
3	一次上吹制气阶段	45～60	60～70
4	一次下吹制气阶段	50～55	70～90
5	二次上吹制气阶段	18～20	18～20
6	空气吹净阶段	2	2

二、鲁奇炉

鲁奇炉因鲁奇（Lurgi）公司而得名。鲁奇碎煤加压气化技术是 20 世纪 30 年代由鲁奇公司开发的，属第一代煤气化工艺，技术成熟可靠，是目前 世界上建厂数量最多的煤气化技术。正在运行中的气化炉达数百台，主要用 于生产城市煤气和合成原料气。

M3-1 鲁奇气化炉

鲁奇加压气化炉压力 2.5～4.0MPa，气化反应温度 800～900℃，固态 排渣，以小块煤（对入炉煤粒度要求是 6mm 以上，其中 13mm 以上占 87%，6～13mm 占 13%）为原料，蒸汽-氧连续送风制取中热值煤气。气化床层自上而下分干燥、干馏、还原、 氧化和灰渣等层，产品煤气经热回收和除油，含有约 10%～12% 的甲烷和不饱和烃，适宜 作城市煤气。粗煤气经烃类分离和蒸汽转化后可作合成气，但流程长，技术经济指标差，对 低温焦油及含酚废水的处理难度较大，环保问题不易解决。

鲁奇炉的技术特点有以下几个方面：

① 鲁奇碎煤加压气化技术系固定床气化，固态排渣，适宜弱黏结性碎煤（5～50mm）。

② 生产能力大。自工业化以来，单炉生产能力持续增长。例如，1954 年在南非沙索尔 建设的 10 台内径为 3.72m 的气化炉，其产气能力为 $1.53 \times 10^4 \mathrm{m}^3/(\mathrm{h \cdot 台})$；而 1966 年建 设的 3 台，产气能力为 $2.36 \times 10^4 \mathrm{m}^3/(\mathrm{h \cdot 台})$；到 1977 年所建的 13 台气化炉，平均产气能 力则达 $2.8 \times 10^4 \mathrm{m}^3/(\mathrm{h \cdot 台})$。这种持续增长，主要是靠操作的不断改进。

③ 气化炉结构复杂，炉内设有破黏装置和煤分布器、炉箅等转动设备，制造和维修费 用大。

④ 入炉煤必须是块煤，原料来源受到一定限制。

⑤ 出炉煤气中含焦油、酚等，污水处理和煤气净化工艺复杂、流程长、设备多，炉渣 含碳 5% 左右。

与 UGI 炉相比，Lurgi 炉有效地解决了 UGI 炉单炉产气能力低的问题。但是，固定床 炉的一些关键问题仍然没有得到解决。Lurgi 炉对煤种和煤质要求较高，只能使用弱黏结烟 煤和褐煤，灰熔点（氧化气氛）大于 1500℃。对强黏结性、热稳定性差、灰熔点低以及粉 状煤则难以使用。第三代 Lurgi 炉在炉内增设了搅拌器用于破焦，但也仅局限于黏结性较小 的煤种。Lurgi 气化工艺的另一个问题是进料用灰锁斗上、下阀使用寿命仅为 5～6 个月， 明显增加了运行成本。究其原因，本质问题存在于固定层气化工艺本身。

1. 鲁奇第三代 Mark-Ⅳ 型加压气化炉

鲁奇第三代加压气化炉是在第二代炉型上的改进，其型号为 Mark-Ⅳ 型，如图 3-3 所示，是目前世界上使用最广泛的一种炉型。其内径 ϕ3.8m，外径 ϕ4.128m，炉体高 12.5m，气化炉操作压力为 3.05MPa。该炉生产能力高，炉内设有搅拌装置，可气化强黏结性烟煤外的大部分煤种。

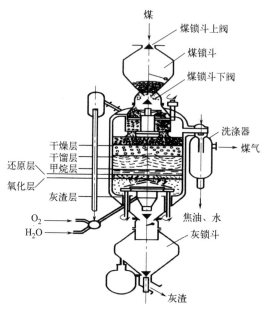

图 3-3　鲁奇加压气化炉

加压气化炉的炉体不论何种炉型均是一个双层筒体结构的反应器。内、外筒体的间距一般为 40～100mm，其中充满锅炉水，以吸收气化反应传给内筒的热量产生蒸汽，经气液分离后并入气化剂中。一般在设置搅拌器的同时也设置转动的布煤器，它们连接为一体。由设在炉外的传动电动机带动。塔形炉箅一般由四层依次重叠成梯锥状的炉箅块及顶部风帽组成，共五层炉箅。煤锁斗是用于向气化炉内间歇加煤的压力容器，它通过泄压、充压循环将常压煤仓中的原料煤加入高压的气化炉内，以保证气化炉的连续生产。灰锁斗是将气化炉炉箅排出的灰渣通过升、降压间歇操作排出炉外，而保证气化炉的连续运转。灰锁斗膨胀冷凝器是第三代鲁奇炉所专有的附属设备，它的作用是在灰锁斗泄压时将含有灰尘的灰锁斗蒸汽大部分冷凝、洗涤下来。

2. 液态排渣鲁奇（BGL）炉

1984 年鲁奇公司和英国煤气公司联合开发了 BGL 液态排渣鲁奇炉，将固体燃料全部气化生产燃料气和合成气。BGL 炉操作压力 2.0～3.0MPa，气化温度在 1400～1600℃，超过了灰渣流动温度，灰渣以液态形式排出。炉结构比传统的 Lurgi 炉简单，取消了转动炉箅。如图 3-4 所示。

与固体排渣法相比较，液态排渣加压气化法的主要特点是：

① 气化强度高，生产能力大；

② 水蒸气耗量低，水蒸气分解率提高；

③ 煤气中可燃组分增加，热值提高；

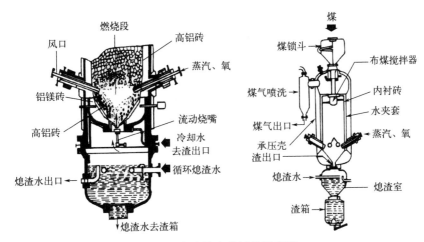

图 3-4 鲁奇液态排渣炉示意图

④ 煤种适应性强；

⑤ 碳转化率、气化效率和热效率均有提高；

⑥ 对环境污染减少。

液态排渣固定床加压气化具有诸多优点，因而受到广泛重视。但是由于高温、高压的操作条件，对于炉衬材料、熔渣池的结构和材质以及熔渣排出的有效控制都有待于不断改进。

液态排渣固定床加压气化炉的基本原理是：仅向气化炉内通入适量的水蒸气，控制炉温在灰熔点以上，灰渣以熔融状态从炉底排出。气化层的温度较高，一般在 $1100 \sim 1500℃$ 之间，气化反应速度快，设备的生产能力大，灰渣中几乎无残碳。

主要特点：炉下部的排灰机构特殊，取消了固态排渣炉的转动炉箅。

该炉气化压力为 $2.0 \sim 3.0MPa$，气化炉上部设有布煤搅拌器，可气化强黏结性的烟煤。

在炉体的下部设有熔渣池。在渣箱的上部有一熄渣室，用循环熄渣水冷却，箱内充满70%左右的激冷水。由排渣口下落在熄渣室内淬冷形成渣粒，在熄渣室内达到一定量后，卸入渣箱内并定时排出炉外。由于渣箱中充满水，和固态排渣炉相比，渣箱的充、卸压就简单多了。

在熔渣池上方有 8 个均匀分布、按径向对称安装并稍向下倾斜、带水冷套的钛钢气化剂喷嘴。气化剂和煤粉及部分焦油由此喷入炉内，在熔渣池中心管的排渣口上部汇集，因而该区域的温度可达 1500℃ 左右，使熔渣呈流动状态。

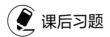 **课后习题**

一、基本知识

1. 鲁奇液态排渣固定床加压气化炉仅向气化炉内通入适量的_____，控制炉温在_____以上，灰渣以_____状态从炉底排出。

2. BGL 炉操作压力_____MPa，气化温度在_____℃，超过了灰渣流动温度，灰渣以液态形式排出，炉结构比传统的 Lurgi 炉简单，取消了_____。

3. 常压固定床水煤气间歇气化过程，分成两个阶段，即_____和_____。

二、思考与分析

鲁奇炉和固定床间歇式气化炉有哪些优缺点？

单元2 分析流化床气化技术（选学）

本单元我们将了解和分析一些典型的流化床气化技术，以便后期可以和先进的气流床气化技术对比。

 课前预习

1. 分析讨论下列问题。

① 温克勒（Winkler）气化温度：_____，气化压力：_____；

高温温克勒（HTW）气化温度：_____，气化压力：_____。

② 补全温克勒（Winkler）气化炉各部位物料名称。

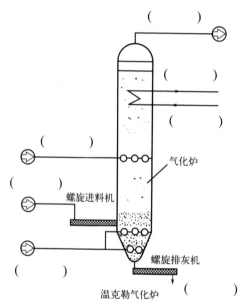

③ 比较 Winkler 和 HTW 气化法（填"高"或"低"）。

项目	Winkler	HTW
温度		
压力		
碳转化率		
煤气中甲烷含量		
煤气产出率		
抗结渣能力		
水蒸气耗量		

④ 灰熔聚气化法排渣方式与传统排渣方式比较。

排渣方式	熔聚排渣	固态排渣	液态排渣
渣形态			
碳损失			
灰渣显热损失			

2. 制作交流 PPT。

请查阅资料，选择一种流化床气化技术，制作流化床气化技术交流 PPT（内容涵盖：核心设备情况、技术特点和技术发展情况等）。

📁 知识准备

流化床气化一般要求原煤破碎成<10mm 粒径的煤，<1mm 粒径的细粉应控制在 10% 以下，经过干燥除去大部分外在水分，进气化炉的煤含水量<5% 为宜。

试验证明流化床更适合活性高的褐煤、长焰煤和弱黏烟煤，气化贫煤、无烟煤、焦煤时需提高气化温度并增加煤粒在气化炉内的停留时间。

固体干法排渣，为防止炉内结渣，除保持一定的流化速度外，要求煤的灰熔点应大于 1250℃，气化炉操作温度（表温）一般选定在比灰熔点低 150～200℃下操作比较安全。

第一个流化床煤气化工业生产装置——温克勒煤气化炉于 1926 年在德国投入运行。以后在世界各国共建有约 70 台温克勒气化炉。早期的常压温克勒气化实际是沸腾床气化炉，存在氧耗高、碳损失大（超过 20%）等缺点，因此至今仍在运行的已不多。

1. 温克勒（Winkler）气化炉

（1）组成

如图 3-5 所示，下部的圆锥部分为流化床，上部的圆筒部分为悬浮床，为下部的 6～10 倍。

（2）操作特点

原料的加入：由螺旋进料机加入圆锥部分腰部。

排灰：密度增大后的灰渣（30% 左右）自床层底部排出；其余飞灰由气流从炉顶夹带而出。

气化剂（氧气或空气；蒸汽）：一次气化剂（60%～70%）由炉算下部供入；二次气化剂（30%～40%）由气化炉中部送入。

二次气化剂的作用：其在接近灰熔点的温度下操作，使气流中夹带炭粒得到充分气化。

（3）工艺条件

① 操作温度一般为 900℃ 左右。

② 操作压力约为 0.098MPa（常压）。

③ 原料粒度 0～10mm，褐煤、弱黏煤、不黏煤和长焰煤等，但活性要高。

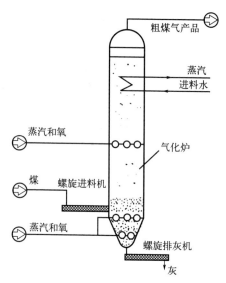

图 3-5   温克勒气化炉

④ 二次气化剂用量及组成：与带出未反应的炭成比例，过少则未反应炭得不到充分气化而被带出，气化效率下降；过多则产品被烧。

（4）温克勒气化工艺的优缺点

优点：单炉生产能力大；气化炉结构简单；可气化细颗粒煤（0～10mm）；出炉煤气基本不含焦油；运行可靠，开停车容易。

缺点：气化温度低（防止结渣）；气化炉设备庞大；热损失大（煤气出炉温度高）；带出物损失较多（气流中夹带炭颗粒）；粗煤气质量较差。

2. 高温温克勒（HTW）气化法

具有如下特点：

① 提高了操作温度。由原来的 900～950℃ 提高到 950～1000℃，因而提高了碳转化率，增加了煤气产出率，降低了煤气中甲烷含量，氧耗减少，如表 3-2。

表 3-2   常压温克勒和高温温克勒参数比较

项目	常压温克勒	高温温克勒
气化压力/MPa	0.098	0.98
气化温度/℃	950	1000
氧气耗量/（m³/kg）	0.398	0.380
水蒸气耗量/（m³/kg）	0.167	0.410
煤气产率($CO+H_2$)/（m³/kg）	1369	1483
气化强度($CO+H_2$)/[m³/(m²·h·kg)]	2122	5004
碳转化率/%	91	96

② 提高了操作压力。由常压提高到 0.98MPa，提高了反应速度和气化炉单位炉膛面积的生产能力，使后序压缩机能耗得到了较大降低。

如图 3-6，气化炉粗煤气带出的固体煤粉尘，经分离后返回气化炉循环利用，使排出的灰渣中含碳量降低，碳转化率显著提高，可以气化含灰量高（＞20％）的次烟煤。由于气化压力和气化温度的提高，气化炉大型化成为可能。

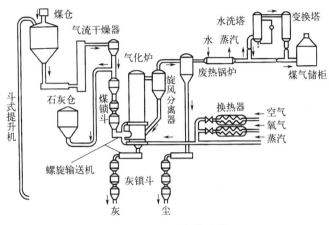

图 3-6　HTW 气化流程

（1）温度的影响

提高温度可提高 CO 和 H_2 的浓度，提高碳转化率和煤气产率。提高反应温度有利于二氧化碳还原和水蒸气分解反应，提高煤气中一氧化碳和氢气的含量，并提高转化率和煤气产量。

提高温度一定要防止结渣。防止结渣的方法：在碱性原料煤中加入一定量的石灰石、石灰或白云石，用来提高灰熔点。

（2）压力的影响

加压，床层的膨胀度下降，工作状态比常压稳定，气流带出量减少，带出物的颗粒尺寸也减小，生产能力提高，煤气热值得到提高。

3. 灰熔聚气化法

一般流化床煤气化炉要保持床层炉料高的碳灰比，以维持稳定的不结渣操作。因此炉底排出的灰渣组成与炉内混合物料组成基本相同，故排出的灰渣的碳含量比较高（15％～20％）。

针对上述问题提出了灰熔聚（灰团聚、灰黏聚）的排灰方式，即在流化床层形成局部高温区，使煤灰在软化而未熔融的状态下，相互碰撞黏结成含碳量较低的球状灰渣，球状灰渣长大到一定程度时靠其重量与煤粒分离下落到炉底灰渣斗中排出炉外，从而降低了灰渣的含碳量（5％～10％），与液态排渣炉相比减少了灰渣带出的热损失，提高了气化过程的碳利用率，这是煤气化炉排渣技术的重大发展。

目前采用灰熔聚排渣技术的有美国的 U-Gas 气化炉、KRW 气化炉以及中国科学院山西煤炭化学研究所的 ICC 煤气化炉。

（1）原理与特点

特点：团聚排渣（灰团聚而不结渣）。

原理：在流化床中导入氧化性高速射流，使煤中灰分在软化而未熔融状态下，在一个锥形床中相互熔聚而黏结成含碳量较低的球状灰渣，有选择性地排出炉外。

与传统排渣方式相比的优点：与固态排渣比，降低了灰渣中的碳损失；与液态排渣比，减少了灰渣带走的显热损失。

（2）U-GAS 气化炉及气化过程

气化炉有四个重要功能：煤的破黏、脱挥发分、气化及灰的熔聚、团聚灰渣从半焦中分离。

原料煤 0～6mm，床内反应温度 950～1100℃，操作压力在 0.14～2.4MPa 范围变化。

气化过程：气化剂由两处进入气化炉：从炉算进入，维持正常的流化；由中心（文氏管）进入灰熔聚区。由中心进入的气体的氧/气比较大，故床底中心区（熔聚区）温度较高，当达到灰的初始软化温度时，灰粒选择性地和其他颗粒团聚。

团聚体不断增大，直到它不能被上升气流托起为止。床层上部空间作用：裂解在床层内产生的焦油和轻油（煤气不含焦油）。煤气夹带煤粉由两级旋风分离器分离和收集。

如图 3-7，U-GAS 气化炉结构简单，炉内无传动设备，为单段流化床，操作控制方便，运行稳定、可靠。可以气化包括黏结煤、高灰煤在内的各种等级的煤，为粒度小于 6mm 的碎粉煤。气化温度高，碳转化率高，气化强度为一般固定床气化炉的 3～10 倍。灰熔聚排渣含碳量低（<10%），便于用作建材，煤气化效率达 75% 以上。煤气中几乎不含焦油和烃类，酚类物质也极少，煤气洗涤冷却水易处理回收利用。煤中硫分可全部转化成硫化氢，容易回收，也可用石灰石在炉内脱硫，简化了煤气净化系统，有利于环境保护。与气流床气化相比气化温度低得多，耐火材料使用寿命长达 10 年以上。煤气夹带的煤灰细粉被除尘设备捕集后返回气化炉内，进一步燃烧、气化，碳利用率高。

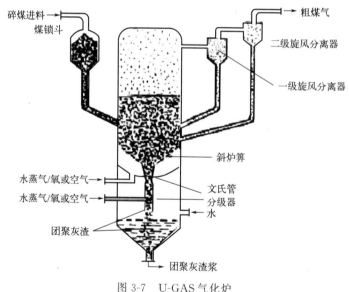

图 3-7　U-GAS 气化炉

课后习题

1. 与传统排渣方式相比灰熔聚气化法的优点：与固态排渣比，_____；与液态排渣比，_____。

2. 温克勒（Winkler）气化炉操作温度一般为_____℃，操作压力约为_____MPa，原料粒度_____mm，可选褐煤、弱黏煤、不黏煤和长焰煤等，但_____要高。高温温克勒（HTW）操作温度一般为_____℃，操作压力约为_____MPa。

　　3. 温克勒气化炉是一个高大的圆筒形容器。它在结构上大致分成两个部分：下部的圆锥部分为_____，上部的圆筒部分为_____，其高度约为下部圆锥部分高度的6～10倍。

　　4. 为提高气化效率和适应_____较低的煤，在温克勒气化炉中部的适当高度引入_____，在接近_____的温度下操作，使气流中所带的炭粒得到充分气化。

　　5. 温克勒气化工艺的缺点，主要是由于_____和_____偏低造成的。

单元3　分析AP（Shell）干煤粉煤气化技术

　　气流床气化技术是我国煤炭清洁高效利用的重要途径，我们须对先进气流床气化技术的案例有充分的认识，否则对气化技术的分析选择也无从谈起。本单元分析的气化技术为Shell煤气化技术，对该技术的核心设备、技术特性、工业应用等情况进行分析，形成一个初步认识，为后期的对比、分析选择奠定基础。

🌱 课前预习

　　1. 技术基本情况。
　　① 专利技术商：_____。
　　② 气化原料：_____（干煤粉/水煤浆）。
　　③ 气化炉类型：_____（激冷型/废锅型）。
　　④ 烧嘴情况：_____（单/多）喷嘴；_____（顶喷/侧壁）喷嘴。
　　⑤ 炉膛情况：_____（耐火砖/水冷壁）。
　　⑥ 气化条件：温度_____；压力_____。
　　⑦ 炉内煤气流动方向：_____（上行/下行）。
　　2. 绘制膜式水冷壁示意图。
　　3. 绘制Shell气化炉结构示意图。
　　4. 制作Shell煤气化技术宣传PPT或宣传卡。
　　（内容涵盖：核心设备情况、技术特点、气化流程、技术发展情况和国内业绩等）

📁 知识准备

　　Shell煤气化工艺（Shell coal gasfication process）简称SCGP，是由荷兰Shell国际石油公司开发的一种加压气流床粉煤气化技术。

　　1993年第一套采用Shell煤气化工艺的大型工业化生产装置在荷兰比赫讷姆市建成，用于整体煤气化燃气-蒸汽联合发电，发电量为250MW。设计采用单台气化炉和单台废热锅炉，煤气化规模为2000t/d。煤电转化总（净）效率＞43％（低位发热量）。1998年该装置正式投入商业化运行。

M3-2　Shell气化炉

Shell 煤气化技术自 1996 年引进中国，随着石油资源的供应紧张和环保要求的日益提高，先进的 Shell 煤气化技术在各个领域和行业受到越来越多的关注。

一、 Shell 加压气化关键设备

1. 气化炉

Shell 煤气化工艺装置 SCGP 气化部分的关键设备是气化炉。气化炉内件本身是一台膜式水冷壁及水管型冷却器，安装在整个气化炉外壳中。在这种气化炉内件中，保持一种强制的冷却水循环而吸收热量，产生中压蒸汽。如图 3-8 所示。

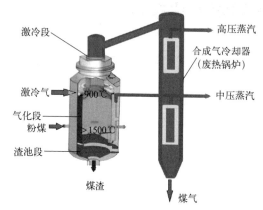

图 3-8 Shell 气化炉示意图

内件分三段：气化段、渣池段和激冷段。

（1）激冷段

主要由激冷段外壳体、激冷区和激冷管组成。激冷区由两个功能区组成：第一个是由湿洗单元经过冷却过滤后的合成气（约 200℃）送入反应段顶部，与流出的高温合成气（约 1500℃）混合，混合后的合成气温度骤降到 900℃ 左右；第二个是激冷底部清洁区，将高压氮气送入该区，由 192 根喷管进行喷吹，以减少或清除气化段出口区域积聚的灰渣。激冷管是膜式壁结构，合成气通过激冷管进一步冷却。

（2）气化段

它主要由内筒和外筒两部分组成，包括膜式水冷壁、环形空间和高压容器外壳。膜式水冷壁向火侧覆有一层比较薄的耐火材料，一方面为了减少热损失，另一方面更主要是为了挂渣，充分利用渣层的隔热功能，以渣抗渣，以渣保炉壁，可以使气化炉热损失减少到最低，以提高气化炉的可操作性和气化效率。环形空间位于压力容器外壳和膜式水冷壁之间。设计环形空间的目的是容纳水、水蒸气的输入输出和集气管。另外，环形空间还有利于检查和维修。气化炉外壳为压力容器，一般小直径的气化炉用钨合金钢制造。对于日产 1000t 合成氨的生产装置，气化炉壁设计温度一般为 350℃，设计压力为 3.3MPa（气）。

气化炉内筒上部为燃烧室（气化区），下部为渣池。煤粉及氧气在燃烧室反应，温度为 1700℃ 左右。Shell 气化炉由于采用了膜式水冷壁结构，内壁衬里设有水冷管，副产部分蒸汽，正常操作时壁内形成渣保护层，用以渣抗渣的方式保护气化炉衬里不受侵蚀，避免了由于高温、熔渣腐蚀及开停车产生应力对耐火材料的破坏而导致气化炉无法长周期运行。由于不需要耐火砖绝热层，运行周期长，可单炉运行，不需要备用炉，可靠性高。

水冷壁如图 3-9 所示，水冷壁由液体熔渣、固体熔渣、膜式壁、碳化硅耐火填充料、加压冷却水管、抓钉组成。

（3）水冷壁以渣抗渣原理

生产中，高温熔融的流态熔渣，顺水冷壁重力方向下流，当渣层较薄时，由于耐火衬里和金属抓钉具有很好的热传导作用，渣外表层冷却至灰熔点固化附着，当渣层增厚到一定程度时，热阻增大，传热减慢，渣外表层温度升高到灰熔点以上时，熔渣流淌减薄；当渣层减

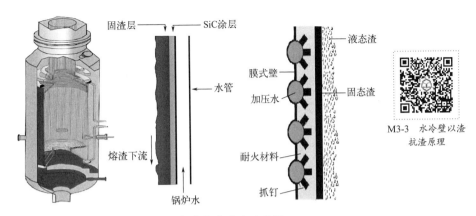

图 3-9 Shell 气化炉水冷壁示意图

薄到一定厚度时，热阻减小，传热量增大，渣层温度降低到灰熔点以下时熔渣积聚增厚，这样不断地进行动态平衡。在气化过程中，固态渣层可以自动调节，始终保持在稳定的厚度，此即为以渣抗渣原理。由于固态渣层的自行修复功能，水冷壁的期望使用寿命在 25 年以上。

2. 喷嘴

如图 3-10 所示，喷嘴采用侧壁烧嘴，在气化高温区对称布置，并且可根据气化炉能力由 4~8 个烧嘴呈中心对称分布。由于采用多烧嘴结构，气化炉操作负荷具有很强的调节能力。

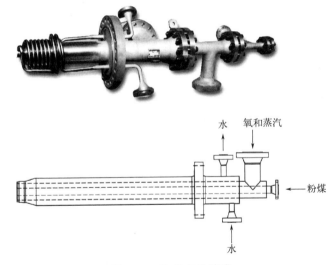

图 3-10 Shell 气化喷嘴

目前气化烧嘴连续操作的可靠性和寿命不低于一年。

由于烧嘴采用径向小角度（约 4.5°）的安装方式，在反应器中，能够使气流的分布产生一种涡流运动，这种运动使得渣、灰与合成气的分离效果更好，避免大量的飞灰夹带。

3. 输气管段

输气管段主要由输气管外壳和输气管组成，其作用是把气化炉和合成气冷却器连接起来，从而使设备布置紧凑，煤气粉尘不堵塞。

输气管通过现场焊接的方法与气化炉和合成气冷却器的气体返回室相连，内件的主体结构则由圆筒形水冷膜式壁传热面构成。

4. 气体返回室

主要由气体返回段外壳和内件组成，内件是膜式壁结构。

5. 废热锅炉（气体冷却段）

Shell 气化反应热的回收是通过合成气冷却器（废热锅炉）来完成的。

气体冷却段主要由外壳、中压蒸汽过热器、二段蒸发器、一段蒸发器组成。其中一段蒸发器又分成 2 个管束。该回收器的所有传热器回路，都用水进行强制循环，蒸发器副产高（中）压蒸汽。废热锅炉采用水管式结构。

6. 破渣机

Shell 煤气化原设计没有破渣机，在生产操作过程中曾发生过大渣堵塞锁斗阀的现象，影响正常生产操作，因此设计增加了破渣机，以防止类似现象发生。

7. 渣罐、捞渣机

渣罐是一个空壳压力容器，气化排渣由锁渣系统通过渣罐间断自动排渣。

捞渣机主要是接收渣水，并将固体渣粒从渣水中捞出，再由输送带或汽车运至渣场。

8. 敲击装置

为消除水冷壁上的积灰，废锅可根据需要设置若干数量的气动敲击除灰装置，定期或不定期进行振动除灰。

内件各换热面附有煤灰，当水冷壁经过敲击装置的突然加速撞击时，由于传热器和灰尘具有不同惯量，因而可除去煤灰。

二、气化炉安装、操作、维修注意事项

1. 炉内各测温点

气化炉内各测温点是了解气化炉是否正常运行的晴雨表，如有异常，要立即查找、分析原因，并及时处理，否则将会对气化炉造成重大损坏。

2. 水回路流量测试

气化炉膜式壁及蒸发器循环锅炉水具有大量的循环水回路。为平衡各个水路的流量，不致发生偏流，导致膜式壁及蒸发器烧损，在各水路入口管都装有一个孔板，内径为 5～15mm，在气化炉投用前，必须对各回路进行流量测试，保证水路畅通。如有堵塞，要及时处理，否则将导致气化炉损坏。

3. 打渣灰装置

为了防止受热面管束内壁积灰，降低冷却效果，在气化炉内共设计了 58 套打渣灰装置，所有脉冲力所能传递的零部件都必须紧密接触，否则将导致严重磨损。

4. 锅炉循环水泵

锅炉循环水流量有一个最低值，低于设定值时，将对气化炉造成损坏。因此，循环泵必须有 1 台备泵，在流量低于设定值时，备用泵必须能自动启动。

5. 烧嘴的安装

气化炉烧嘴的安装必须按要求进行，保证烧嘴的伸出位置和径向角度，否则将对气流状

态及渣气分离产生重大影响。

6. 顶部膨胀

气化炉在正常运行状态下，将产生膨胀，其顶部膨胀量最大，约为 150mm。因此，与气化炉连接的所有设备、管线、仪表等必须能够保持自由膨胀，否则将对设备、管线、仪表等造成损坏或附加应力破坏。

7. 内件上下膨胀

气化炉内件在运行时，也将产生上下膨胀。因此，内件与客体之间的滑道必须保持自由，不能有卡死、焊死等现象，否则将导致内件严重损坏变形。

8. 炉渣外观、蒸汽产量检查

在运行期间，要对炉渣外观、蒸汽产量等进行定期检查，从而判断原料配比是否合适及气化炉运行状况是否良好。

三、 Shell 气化工艺

1. Shell 气化工艺流程

下面以图 3-11 为例，简述 Shell 气化工艺流程。

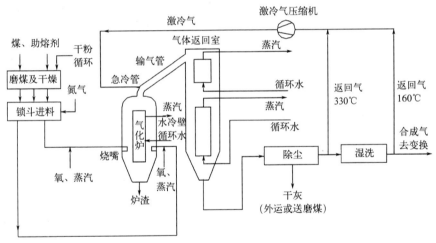

图 3-11　Shell 气化简易工艺流程

（1）煤粉制备及气化剂的输送

经预破碎后进入煤的干燥系统，使煤中的水分小于 2％，然后进入磨煤机中被制成煤粉。磨煤机在常压下运行，制成粉后用 N_2 气送入煤粉仓中，然后进入加压锁斗系统。再经由加压氮气或二氧化碳加压将细煤粒由锁斗送入相对布置的气化烧嘴。

气化所需氧气和蒸汽也送入烧嘴，煤粉在喷嘴里与氧气（95％纯度）混合并与蒸汽一起进入气化炉反应。

（2）气化及排渣

通过控制加煤量，调节氧量和蒸汽量，使气化炉在 1400～1700℃ 范围内发生反应，从而分别生成合成气和灰渣、飞灰。气化炉操作压力为 2～4MPa。

在气化炉内煤中的灰分以熔渣的形式排出，绝大多数熔渣从炉底离开气化炉，用水激冷，并分散成玻璃状的小颗粒，平均粒径大约为 1mm，再经破渣机进入渣锁斗系统，最终泄压排出系统。少量熔渣以飞灰形式存在，通过激冷段、输送段、合成气冷却段后，随合成气一并排出气化炉，并且被收集在下游的飞灰脱除系统中。

（3）粗煤气激冷、废热回收、除尘

粗煤气夹带飞散的熔渣粒子被激冷气冷却，使熔渣固化而不致黏在冷却器壁上，然后再从煤气中脱除。合成气从气化段顶部流出，利用来自湿洗段的"冷态"合成气进行激冷，将温度降低到 900℃左右，随后在合成气输送段、气体返回段、合成气冷却段中，进一步将温度降低到 350℃左右，从合成气冷却器底部流出。

煤气冷却器采用废热锅炉，用来生产中压饱和蒸汽或过热蒸汽。粗煤气经陶瓷过滤器除去细粉尘（<20mg/m³）。部分煤气加压循环作为循环冷却煤气用于出炉煤气的激冷。

（4）脱硫脱氯

粗煤气经脱除氯化物、氨、氰化物和硫（H_2S、COS），HCN 转化为 N_2 或 NH_3，硫化物转化为单质硫。工艺过程中大部分水循环使用，废水在排放前需经生化处理。

2. 工艺技术特点

（1）优点

① 煤种适应性广。采用干法粉煤进料及气流床气化，可使任何煤种完全转化，对煤种适应性广。它能气化无烟煤、烟煤及褐煤等各种煤，能成功地处理高灰分和高硫煤种。对煤的性质如活性、结焦性以及水、硫、氧及灰分不敏感。

② 能源利用率高。由于采用高温加压气化，因此其热效率很高。能实现高温（大约 1500℃）下的"结渣"气化，碳转化率较高。在典型的操作条件下，Shell 气化工艺的碳转化率高达 99%。

采用了加压制气，大大降低了后续工序的压缩能耗。同时，由于采用干法供料，避免了湿法进料在水汽化加热方面的能量损失。因此，Shell 炉能源利用率也相对较高。

③ 设备单位产气能力高。在加压下（3MPa 以上），气化装置单位容积处理煤量大，产气能力高。在同样的生产能力下，设备尺寸较小，结构紧凑，占地面积小，相对的建设投资也比较低。

④ 环境效益好。气化在高温下进行，且原料粒度很小，气化反应进行得极为充分，影响环境的副产物很少，因此干粉煤加压气流床工艺属于"洁净煤"工艺。

Shell 煤气化工艺脱硫率可达 95% 以上，并副产纯净的硫黄，产品气的含尘量低于 2mg/m³；气化产生的熔渣和飞灰是非活性的，不会对环境造成危害；工艺废水易于净化处理和循环使用，通过简单处理可实现达标排放；生产的洁净煤气能更好地满足合成气、工业锅炉和燃气透平的要求及环保要求。

（2）缺点

① 由于气化炉把气化段、气体冷却器通过输气管连接为一个整体，设备结构复杂，重量加大，从而造成设备制造、安装周期较长，难度增加。

② 由于提高了气化温度，设备制造选材级别提高，制造难度加大，投资增加。

③ 由于气化炉结构过于复杂，控制点多，操作难度大，对操作、维修人员的技术水平要求较高。

④ 投资远远高于水煤浆气化，大约是 AP 水煤浆气化的 2 倍。

⑤ 入炉煤采用气流输送，限制了气化压力的进一步提高，压力限制在 2～4MPa。

⑥ 存在飞灰综合利用问题，如找不到固定用户而随意堆放，将对周围环境产生污染。

我国采用 Shell 干煤粉加压气化工艺的装置，陆续投料试生产的几家单位至今尚无达到长周期稳定满负荷正常生产的情况。

所以，Shell 干煤粉加压气化问题现在已基本充分暴露出来，主要原因是系统流程长，设备结构复杂。无论是采用高灰分、高灰熔点的煤还是低灰分、低灰熔点的煤进行气化，都会出现水冷壁能否均匀挂渣的问题、气化炉顶输气管换热器和废热锅炉积灰的问题、高温中压干法飞灰过滤器除尘效率和能力的问题、每天产生的大量飞灰的出路和污染的问题、激冷气压缩机故障多的问题、水洗冷却除尘的黑水系统故障的问题。

从实践经验来看，Shell 干煤粉加压气化废热锅炉流程是为联合循环发电而设计的，不适宜于煤化工生产。

表 3-3 列出了 Shell 煤气化工艺在德国汉堡（Shell-Koppers）中试装置的设计条件和不同煤种的试验结果。$CO+H_2$ 含量约 96.2%，CO/H_2 约为 2.2/1；$CO+H_2$ 含量约90.7%，CO/H_2 约为 2.51。

表 3-3　Shell-Koppers 中试装置的设计条件和试验结果

项目	数据		
设计条件	处理煤量/(t/h)	150	
	操作压力/MPa	3.0	
	最高气化温度/℃	1700～2000	
	单炉生产能力/(m³/h)	8500～9000	
主要试验结果		煤种	
		Wyodak 褐煤	烟煤
	气体组成/% CO	66.1	65.1
	H_2	30.1	25.6
	CO_2	2.5	0.8
	CH_4	0.4	—
	H_2S+COS	0.2	0.47
	N_2	0.7	8.03
	氧/煤质量比	1.0	1.0
	碳转化率/%	>98	99.0

课后习题

一、基本知识

1. Shell 气化炉内件包括_____、_____、_____三段。

2. Shell 气化反应热的回收是通过_____来完成的。

3. 有关 Shell 煤气化工艺工业化规模的陈述下列哪些是正确的？_____
①烧嘴数量1个；②烧嘴数量4个、6个或者8个；③气流床气化；④无渣气化；⑤气化炉使用耐火砖作衬里；⑥使用膜式壁型气化炉；⑦使用干煤或湿煤进料系统和 O_2 气化

　　A. 1，3，7　　　B. 2，3，6　　　C. 2，3，4　　　D. 2，3，7

4. Shell 气化技术采用_____进料，气流床加压气化，_____排渣的形式。

5. 水冷壁是由_____、_____、_____、_____、_____、抓钉组成的。

6. 气化煤粉一般是由_____气体加压后由锁斗送入相对布置的气化烧嘴。

二、思考与分析

仔细分析工艺流程，你觉得气化工艺流程中为何设置回流激冷气在激冷段进行粗煤气激冷？

单元 4　分析 AP（GE、TEXACO）水煤浆加压气化技术

TEXACO 水煤浆气化技术在我国由来已久，该技术在进入我国市场后，发展迅速，其技术的范围也在不断扩大。本单元将分析该技术的核心设备特点、技术特点及应用。

课前预习

1. 技术基本情况。

①专利技术商：_____。

②气化原料：_____（干煤粉/水煤浆）。

③气化炉类型：_____（激冷型/废锅型）。

④烧嘴情况：_____（单/多）喷嘴；_____（顶喷/侧壁）喷嘴。

⑤炉膛情况：_____（耐火砖/水冷壁）。

⑥气化条件：温度_____；压力_____。

⑦炉内煤气流动方向：_____（上行/下行）。

2. 对比我国多喷嘴水煤浆气化技术和 AP 水煤浆气化技术。

项目		多喷嘴对置式水煤浆气化	AP 水煤浆（GE）气化
可靠性			
烧嘴个数			
烧嘴位置			
烧嘴类型			
炉内煤气流动方向			
负荷范围			
激冷室结构			
运行指标比较（高/低）	比氧耗		
	比煤耗		
	有效气成分		
	碳转化率		
大型化的前景		日处理 1500t 煤	日处理 2500～3000t 煤

3. 制作 AP 水煤浆（GE、TEXACO）煤气化技术或国内多喷嘴水煤浆气化技术宣传 PPT 或宣传卡。

（内容涵盖：核心设备情况、技术特点、气化流程、技术发展情况和工业业绩等）

知识准备

AP 水煤浆气化技术是原美国德士古（Texaco）公司的气化技术，开发于 20 世纪 40 年代后期，原称为 TEXACO 气化技术，2002 年 10 月德士古公司与雪佛龙（Chevron）公司整体合并后两年，2004 年 6 月雪佛龙公司将气化业务整体出售给通用电气（简称 GE 水煤浆）公司。2019 年 8 月 6 日，全球领先的工业气体供应商空气产品公司（AirProducts）宣布完成对通用电气电力公司（GEPower）气化业务的收购（故又简称 AP 水煤浆气化）。AP 水煤浆气化是第二代气流床水煤浆气化技术的代表，以水煤浆单烧嘴顶喷进料、耐火砖热壁炉、激冷流程为主。

AP 水煤浆（GE、TEXACO）气化工艺国外已于 20 世纪 80 年代被成功商业运行，1983 年美国 EASTMAN 生产甲醇、醋酐，1984 年日本 UBE 生产氨，我国鲁南化肥厂于 1993 年建成首套 AP 水煤浆气化装置用于生产氨，兖矿鲁南化肥厂的 AP 水煤浆气化装置，是我国从国外引进的第一套 AP 水煤浆煤炭气化装置，采用水煤浆进料，在加压条件下生产合成氨的原料气体。目前 AP 水煤浆气化装置在第二代气流床技术中，建设装置最多、商业运行时间最长，用于化工生产技术成熟可靠。

一、 AP 水煤浆气化工艺原理

AP 水煤浆气化属气流床气化工艺技术，即水煤浆与气化剂（纯氧）在气化炉内特殊喷嘴中混合，高速进入气化炉反应室，遇灼热的耐火砖瞬间燃烧，直接发生火焰反应。微小的煤粒与气化剂在火焰中做并流流动，煤粒在火焰中来不及相互熔结而急剧发生部分氧化反应，反应在数秒内完成。在上述反应时间内，放热反应和吸热反应几乎是同时进行的，因此产生的煤气在离开气化炉之前，碳几乎全部参与了反应。在高温下所有干馏产物都迅速分解转变为均相水煤气的组分，因而生成的煤气中只含有极少量的 CH_4。

AP 水煤浆气化炉所得煤气中含有 CO、H_2、CO_2 和 H_2O 四种主要组分，它们存在以下平衡关系：$CO + H_2O \Longrightarrow CO_2 + H_2$。在气化炉的高温条件下，上述反应很快达到平衡，因此气化炉出口的煤气组成相当于该温度下 CO、水蒸气转化反应的平衡组成。

二、 AP 水煤浆气化工艺核心设备

1. AP 水煤浆气化炉

AP 水煤浆气化炉为一直立圆筒形钢制耐压容器，内壁衬以高质量的耐火材料，可以防止热渣和粗煤气的侵蚀。

AP 水煤浆气化炉有两种炉型：淬冷型、全热回收型（废锅型）。两种炉型下部合成气的冷却方式不同，但炉子上部气化段的气化工艺是相同的，目前大多数 AP 水煤浆气化炉采用淬冷型，优势在于它更廉价，可靠性更高，劣势是热效率较全热回收型低。如图 3-12。

M3-4　GE(德士古)
气化炉

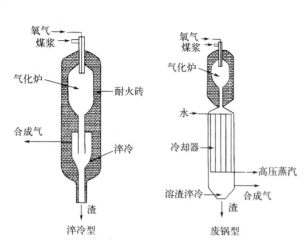

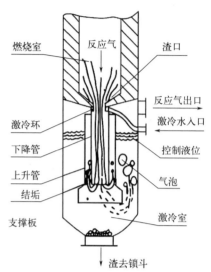

图 3-12　AP 水煤浆气化炉激冷型和废锅型示意图

图 3-13　AP 水煤浆气化炉激冷室

M3-5　GE（德士古）
气化炉动画

（1）淬冷炉

粗合成气体经过淬冷管离开气化段底部，淬冷管底端浸没在一水池中。粗气体经过激冷到水的饱和温度，并将煤气中的灰渣分离下来，灰熔渣被淬冷后截留在水中，落入渣罐，经过排渣系统定时排放。之后冷却了的煤气经过侧壁上的出口离开气化炉的淬冷段。然后按照用途和所用原料，粗合成气在使用前进一步冷却或净化。

淬冷（激冷）炉分为燃烧室和激冷室两部分，上部为燃烧室，是气化反应的场所，内衬使用不同的耐火砖及耐火材料，下部为激冷室。如图 3-13。

反应室内衬四层耐火材料：第一层：高温层（向火面），主要成分为 Cr_2O_3。主要是抗喷嘴喷出的高压、高温的气流和其夹带的没有被氧化的煤粒及高温熔渣的冲蚀，更重要的是能抗煤熔渣的侵蚀。第二层：保护层，主要的材料是 Al_2O_3，有部分 Cr_2O_3。它的主要作用为：为绝热创造条件；犹如一层安全衬里，当高温层整体厚度减少时，则装置可以在短期内还能继续维持运行。第三层：保温层，Al_2O_3 的含量很高，主要作用是提供所需的绝热，用来保证壳体温度维持在设计范围之内。第四层：可压缩层，陶纤毡。要考虑热膨胀的影响，防止造成壳体不均，而使保温层和壳体之间的压力不均。

AP 水煤浆气化炉激冷室由激冷环、下降管、导气管、液池等组成。

① 激冷环。激冷环的作用是降温、除尘。主要是给激冷室供给激冷水，分布激冷水，使其按圆周方式均匀分布，形成水膜流下，以保护下降管不被烧坏。同时喷淋气体，洗涤气体中的灰尘。

注意问题：

a. 激冷环首先要保证布水均匀，在制作过程中，若环隙不均匀，可能造成布水不均、水膜太薄，易引起下降管缺水挂渣；

b. 激冷环短时间缺水且及时恢复后，可以短时间维持生产，但应尽快安排停车处理；

c. 气化炉连投后，易引起激冷管线堵塞，造成激冷环缺水；

d. 气化炉正常生产时一般不会因结垢堵塞激冷环进水孔；

e. 气化炉停车检修时要对激冷环进行彻底冲洗；

f. 激冷环长期使用后，激冷环内环会出现磨薄现象和因热应力而出现裂纹，应及时更换和修补。

图 3-14　AP 水煤浆气化炉
激冷室下降管示意图

② 下降管。如图 3-14，下降管的作用是将气化炉燃烧室出来的粗合成气经激冷环流水冷却后，由下降管将合成气导入激冷室水域当中降温、除灰，使粗合成气得到净化，同时气化激冷室中的水变为水蒸气达到饱和状态，然后通过上升管折流达到气液分离的目的，防止合成气带水。

激冷水由激冷环流出，沿下降管内壁下降形成水膜并流入液池，高温合成气和熔融态灰渣从气化室出来后，与下降管内壁水膜直接接触发生热质交换。激冷过程中，液态熔渣发生凝固，部分激冷水剧烈气化，高温合成气急剧降温并增湿。合成气沿下降管穿越液池后沿上升管与下降管构成的环隙上升，凝渣留在液池黑水中，产生气固分离。

（2）全热回收炉

粗合成气离开气化段后，在合成气冷却器中从 1400℃ 被冷却到 700℃，回收的热量用来生产高压蒸汽。熔渣向下流到冷却器被淬冷，再经过排渣系统排出。合成气由淬冷段底部送下一工序。

AP 水煤浆废锅型气化炉，其上部燃烧室与下部的废热锅炉入口通过一段喉部连接起来（图 3-15），高温的熔渣从燃烧室向废热锅炉流动中会保持流动时的温度，但当高温熔渣流到废热锅炉的入口时，流通的面积变大，下部辐射式废锅是双通道水冷壁设计（图 3-16），从气化炉喉管进入辐射式废锅的高温粗煤气及熔渣流经中间的通道，通过热辐射方式与水冷壁进行热交换，冷却到一定温度后，大颗粒的灰渣落入废锅下部的水浴中进一步降温，然后灰渣经破渣机破碎后送到灰锁斗系统，而经过辐射式废锅中间的通道冷却的粗合成气通过内外层水冷壁间的环隙通道向上，通过一段较短的水冷连接管进入对流式废锅进一步冷却，然后进入气体洗涤器洗气。

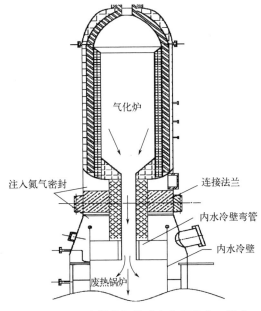

图 3-15　AP 水煤浆辐射式废热锅炉入口形式

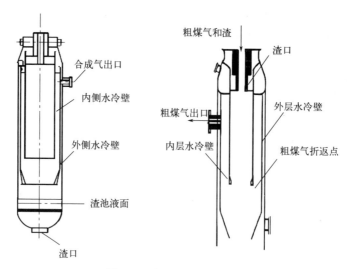

图 3-16　辐射式冷却器结构

2. 烧嘴

国内引进的 AP 水煤浆气化技术的烧嘴和国内自行开发的烧嘴以三通道为主。中心管和外环隙走氧气，内环隙走煤浆。中心管：15％氧气；外环系：85％氧气；内环系：水煤浆。

水煤浆加压气化工艺所用烧嘴属于介质雾化式喷嘴，利用高速氧气与较低速度的水煤浆相互冲击、摩擦，将水煤浆破碎为细小雾滴。其中心氧流量一般是总氧量的 15％ 左右，大部分氧气在外层大喷头内锥与中间喷头外锥形成的外环隙处喷出。中心氧能够提高氧气和水煤浆的返混程度，促使煤浆充分雾化燃烧，提高一氧化碳的转化率。

M3-6　三套管
烧嘴动画

由于 AP 水煤浆气化技术的烧嘴插入气化炉燃烧室中，承受 1300℃ 左右的高温，为了防止烧嘴损坏，抵御炉内高温对烧嘴的烘烤，在烧嘴外侧设置了冷却盘管，在烧嘴头部设置了水夹套，并有一套单独的系统向烧嘴供应冷却水，该系统设置了复杂的安全联锁。烧嘴冷却水的操作压力一般远低于气化炉的炉内工作压力，这主要从两方面考虑：一是一旦出现水夹套或盘管故障泄漏，可避免低温的冷却水喷入气化炉而将其附近的炉砖淬冷、淬裂；二是故障泄漏时，气化炉内的粗煤气可在该压差作用下从泄漏部位进入烧嘴冷却水系统，从而在烧嘴冷却水出口通过专门的仪器检测到 CO、H_2 的含量，以判断水夹套和盘管的泄漏情况。烧嘴头部采用耐磨蚀材质，并喷涂有耐磨陶瓷。负荷和气液比不同，中心氧最佳值不一样，这样可使烧嘴在最佳状态下工作。

如图 3-17，AP 水煤浆烧嘴是 AP 水煤浆煤气化工艺的核心设备，一般情况下，运行初期，雾化效果好，气体成分稳定，系统工况稳定；运行到后期，喷嘴头部变形，雾化效果不好，这时气体成分变化较大，有效气成分下降，特别是发生偏喷时，局部温度过高，会烧坏热电偶，严重时，发生窜气导致炉壁超温。

三、　AP 水煤浆气化工艺流程

1. AP 水煤浆制备流程

AP 水煤浆气化工艺流程按粗煤气的三种冷却方法分为三种：直接冷却式工艺适合于合

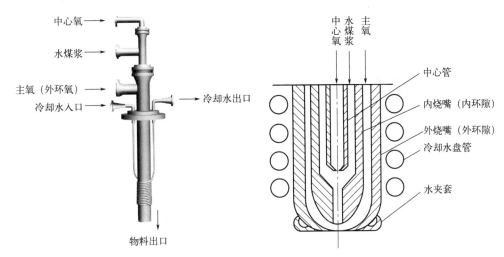

图 3-17 三通道烧嘴外观及截面示意图

成氨的制造；间接冷却式工艺会产生大量的高压蒸汽，适合于煤气化循环发电或作为燃料气；混合式工艺有利于甲醇的生产。

如图 3-18 所示，制浆系统用于水煤浆的制备。预先破碎到粒度小于 30mm 的原料煤经煤称重给料机计量后送入磨煤机，同时在磨煤机中加入水、添加剂、石灰、氨水，经磨机研磨成具有适当粒度分布的水煤浆，研磨好的煤浆首先要进入一均化罐，合格的水煤浆由低压煤浆泵送入煤浆槽中。

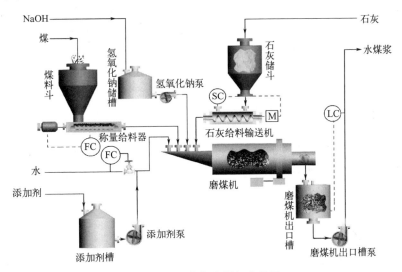

图 3-18 水煤浆的制备流程图

2. 气化、合成气洗涤系统

（1）激冷流程

如图 3-19 所示，加压的水煤浆和氧气经过特制的工艺烧嘴喷入气化炉以后，水煤浆被高效雾化成细小的煤粒，与氧气在气化炉内 1300～1400℃的高温下发生复杂的氧化还原反应，产生煤气，同时生成少量的熔渣。

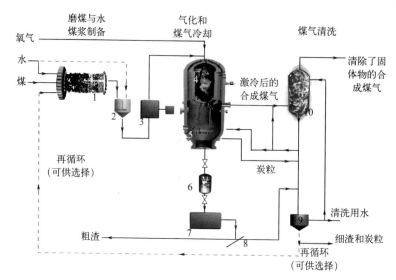

图 3-19　AP 水煤浆激冷式流程图

1—湿式磨煤机；2—水煤浆储槽；3—水煤浆泵；4—气化炉；5—激冷室；6—排渣斗；

7—炉渣储槽；8—炉渣分离器；9—沉降分离器；10—气体洗涤器

合成气与熔渣出气化炉燃烧室以后，在下降管的引导下进入到激冷室的液面以下，为了保护下降管，在下降管的上端设置了一个激冷环用来分布供应到气化炉激冷室的激冷水，使激冷水以液膜的形式分布在激冷环的内表面，合成气和熔渣在沿下降管下降的过程中，合成气和熔渣与激冷环内壁上的水膜发生传热传质过程，熔渣被冷却固化后沉降到气化炉激冷室的底部，经锁斗收集后排出。合成气被冷却降低温度，部分激冷水被蒸发并以饱和水蒸气的形式进入合成气气相主体中。吸收了饱和水蒸气以后的合成气出下降管以后，在浮力和气流的推动作用下沿下降管与上升管之间的环隙鼓泡上升，离开上升管后被激冷室上部的折流板折流后从气化炉激冷室的合成气出口排出，经文丘里洗涤器进一步增湿后进入洗涤塔洗涤掉合成气中的少量灰分后送变换工序。

（2）废锅流程

如图 3-20 所示，气化炉产生的高温粗煤气和液态熔渣进入气化炉下部的辐射式废锅，由水冷壁管冷却至 700℃（水冷管内副产高压蒸汽），而熔渣粒固化分离落入下面的淬冷水池，经灰锁斗排出。粗煤气由辐射式废锅导入对流废锅进一步冷却至 300℃（废锅回收显热并副产蒸汽）。

3. 烧嘴冷却系统

AP 水煤浆工艺烧嘴是气化装置的关键设备，一般为三流道外混式设计，在烧嘴中煤浆被高速氧气流充分雾化，以利于气化反应。烧嘴冷却水系统通过水泵强制为烧嘴外侧的冷却盘管供应循环冷却水，以保护烧嘴，延长烧嘴使用寿命。

4. 锁斗系统

落入激冷室底部的固态熔渣，经破渣机破碎后进入锁斗系统（锁渣系统），锁斗系统设置了一套复杂的自动循环控制系统，用于定期收集炉渣。在排渣时锁斗和气化炉隔离，锁斗循环分为减压、清洗、排渣、充压四部分，每个循环约 30min，保证在不中断气化炉运行的情况下定期排渣。

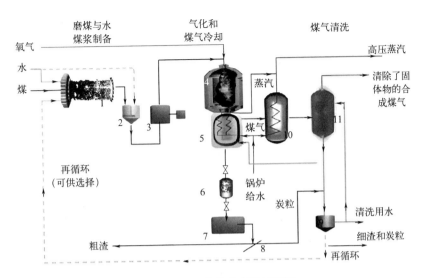

图 3-20　AP 水煤浆废锅流程图

1—湿式磨煤机；2—水煤浆储槽；3—水煤浆泵；4—气化炉；5—辐射式冷却器；6—锁斗；
7—炉渣储槽；8—炉渣分离器；9—沉降分离器；10—对流冷却器；11—气体洗涤器

锁渣系统主要有渣罐、锁渣阀、排渣阀和冲洗水罐组成，一般有两个锁渣阀，一个排渣阀，在集渣时需给渣罐充压，渣罐压力与气化炉接近时打开锁渣阀，集渣结束后关闭锁渣阀，对渣罐卸压，排到常压后打开排渣阀，排渣结束并冲洗完渣罐后，关闭排渣阀，对渣罐充压，重复循环。

5. 闪蒸及水处理系统

闪蒸及水处理系统主要用于水的回收处理。气化炉和碳洗塔排出的含固量较高的黑水，送往水处理系统处理后循环使用。首先黑水送入高压、真空闪蒸系统，进行减压闪蒸，以降低黑水温度，释放不溶性气体及浓缩黑水，经闪蒸后的黑水含固量进一步提高，送往沉降槽澄清，澄清后的水循环使用。

四、 AP 水煤浆气化工艺条件

影响 AP 水煤浆炉操作和气化的主要工艺指标有：水煤浆浓度、煤粉粒度、氧煤比及气化炉操作压力等。

1. 水煤浆浓度

所谓水煤浆浓度，是指煤浆中煤的质量分数，该浓度与煤炭的质量、制浆的技术密切相关。水煤浆中的水分含量是指全水分，包括煤的内在水分。通常使用的煤并不是完全干的，一般含有 5%～8%甚至更多的水分。

随着水煤浆浓度的提高，煤气中的有效成分增加，气化效率提高，氧气耗量下降。

（1）水煤浆制备技术

煤浆的可泵送性和稳定性等对于维持正常的气化生产很重要。研究水煤浆的成浆特性和制备工艺，寻求提高水煤浆质量的途径是十分必要的。

选择合适的煤种（活性好、灰分和灰熔点都较低），调配最佳粒度和粒度分布，是制备具有良好流动性和较为稳定的高浓度水煤浆的关键。

适宜的添加剂也能改变煤浆的流变特性。煤粉的粒度越细，添加剂的影响越明显。

（2）褐煤成浆性差

褐煤的内在水分含量较高，其内孔表面积大，吸水能力强，在成浆时，煤粒上能吸附的水量多。因此，在水煤浆浓度相同的条件下，自由流动的水相对减少，以致流动性较差；若使其具有相同的流动性，则煤浆浓度必然下降。故褐煤目前尚不宜作为水煤浆的原料。

2. 煤粉粒度

煤粒在炉内的停留时间及气固反应的接触面积与颗粒大小的关系非常密切：较大的颗粒离开喷嘴后，在反应区中的停留时间比小颗粒短；比表面积又与颗粒大小成反比，这双重影响的结果必然使小颗粒的转化率高于大颗粒。

就单纯的气化过程而言，似乎水煤浆的浓度越高、煤粉的粒度越小，越有利于气化转化率的提高。考虑实际生产过程，当煤粉中细粉含量过高时，水煤浆表现为黏度上升，不利于泵送和雾化。为了便于使用，水煤浆应具有较好的流动性，黏度不能太大，故对反应性较好的煤种，可适当放宽煤粉的细度。

3. 氧煤比

氧煤比是气流床气化的重要指标。当其他条件不变时，AP 水煤浆气化温度在 1300～1500℃，温度调节主要取决于氧煤比，提高氧煤比可使碳转化率明显上升，因氧气比例增大可以提高气化温度，有利于碳的转化，降低灰渣含碳量。但受耐火砖寿命的影响，温度不能过高，一般温度维持原则是，保证液态排渣的前提下尽可能维持较低的操作温度（图 3-21）。

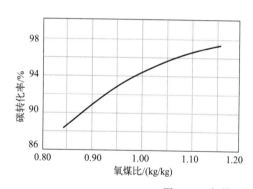
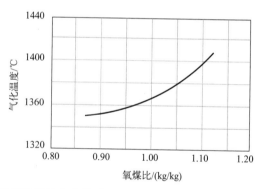

图 3-21   氧煤比气化温度和碳转化率关系

当氧气用量过大时，部分碳将完全燃烧而生成二氧化碳，或不完全燃烧而生成的一氧化碳，一氧化碳又进一步氧化成二氧化碳，从而使煤气中的有效成分减少，气化效率下降。随氧煤比的增加，氧耗明显上升，煤耗下降。

故适当提高氧气的消耗量，可以相应提高炉温，降低生产成本，但提高炉温时还要考虑耐火砖和喷嘴等的寿命、气化效率等，故操作过程中应确定合适的氧煤比。

4. 气化炉操作压力

气流床气化炉操作压力（气化压力）增加，不仅增加了反应物浓度，加快了反应速率，同时延长了反应物在炉内的停留时间，使碳转化率提高。提高气化压力，既可提高气化炉单位容积的生产能力，又可节省压缩煤气的动力。

故 AP 水煤浆工艺的气化压力一般在 2.7～6.5MPa 范围内，因水煤浆进料的优势，最高气化压力可达 8.0MPa，一般根据煤气的最终用途，经过经济核算，选择适宜的气化压力。

5. 气化指标

见表 3-4。

表 3-4　国内外 AP 水煤浆气化炉的主要气化操作指标

项　　目		国外中试	国外中试	宇部工业	中国中试
煤种		伊利诺伊 6 号煤	伊利诺伊 6 号煤	澳大利亚煤	铜川煤
元素分析	$w(C)/\%$	65.64	65.64	66.80	69.34
	$w(H)/\%$	4.72	4.72	5.00	3.92
	$w(N)/\%$	1.32	1.32	1.70	0.60
	$w(S)/\%$	3.41	3.41	4.20	1.54
	$w(A)/\%$[①]	13.01	13.01	15.00	15.17
	$w(O)/\%$	11.90	11.90	7.30	9.40
煤样高位热值/(kJ/kg)		26796	26796	28931	28361
投煤量/(t/h)		0.635	6.35	约 20	1.2
气化压力/MPa(绝压)		2.58	—	3.49	2.56
气体组成	$\varphi(CO)/\%$	42.2	39.5	41.8	36.1~43.1
	$\varphi(H_2)/\%$	34.4	37.5	35.7	32.3~42.4
	$\varphi(CO_2)/\%$	21.7	21.5	20.6	22.1~27.6
碳转化率/%		99.0	95.0	98.5	95~97
冷煤气效率/%		68.0	69.5	—	65.0~68.0

①　指灰分含量。

五、 AP 水煤浆气化技术特点

1. 技术优越性

①　气化炉结构简单。该技术关键设备气化炉属于加压气流床湿法加料液态排渣设备，结构简单，无机械传动装置。

②　开停车方便，加减负荷较快。

③　煤种适应性较广。可以利用粉煤、烟煤、次烟煤、石油焦、煤加氢液化残渣等。

④　合成气质量好。$CO+H_2 \geqslant 80\%$ 且 H_2 与 CO 量之比约为 0.77，可以对 CO 全部或部分进行变换以调整其比例用来生产合成氨、甲醇等，且后系统气体的净化处理方便。

⑤　合成气价格低。在相同条件下，天然气、渣油、煤制合成气，合成气的综合价格以煤制气最低。

⑥　碳转化率高。该工艺的碳转化率在 $97\%\sim98\%$ 之间。

⑦　单炉产气能力大。由于 AP 水煤浆气化炉操作压力较高，又无机械传动装置，在运输条件许可下设备大型化较为容易，目前气化煤量为 2000t/d 的气化炉已在运行。

⑧　三废排放有害物质少。

2. 气化装置发展瓶颈

AP 水煤浆气化虽有很多先进的方面，但在工业化生产实践中仍暴露出一些亟待解决的问题：

（1）水煤浆气化氧耗高

比氧耗一般都在 $400m^3/1000m^3$（$CO+H_2$）以上，而 Shell 干煤粉气化一般在 $330m^3/1000m^3$（$CO+H_2$）左右。

（2）需热备用炉

气化炉一般开两个月左右就要单炉停车检修或出现故障，须有计划地停车，而备用炉必须在 $1000℃$ 以上才可投料，若临时把冷备用炉升温至 $1000℃$ 以上，势必影响全系统生产，所以要求备用炉应处于热备用状态，而维持热备用状态的耗能较大，需煤气 $150\sim1500m^3/h$，空气 $150\sim1500m^3/h$ 及部分抽引蒸汽、冷却水。

（3）气化炉耐火材料寿命短

耐火材料中的向火面砖是气化炉能否长期运转、降低生产成本的关键材料之一。目前世界上使用最多的是法国砖、奥地利砖、美国砖。我国在引进 AP 水煤浆工艺的初期主要选用法国砖（沙佛埃耐火材料公司），其寿命为 $1\sim1.5$ 年。其中渭河化肥厂开车一年三台气化炉将向火面砖全改换过，一炉砖需 75 万美元，而且换一炉砖周期长，影响生产两个月左右。

多年来我国一直在进行耐火砖的替代研究工作，研制价廉、耐高温侵蚀且使用寿命长的耐火材料。洛阳耐火材料研究院、新乡市耐火材料厂开发的国产耐火砖成功应用于鲁南化肥厂以后，经生产检验，各项性能已超过进口耐火砖，现国内新上的德士古炉都采用国产耐火砖，气化炉耐火砖使用时间基本上超过一年，最长的达到 10000h 以上。

（4）气化炉炉膛热电偶寿命短

由于气化炉外壳与耐火砖的热膨胀系数不同而发生相互剪切，进而损坏热电偶。

（5）工艺烧嘴寿命短

烧嘴的稳定运行是操作好气化炉的另一个重要因素。烧嘴的寿命短而且昂贵。实际上对水煤浆气化而言，烧嘴的寿命确实较短，目前一般运行周期在两个月左右，主要是由于水煤浆的磨蚀和高温环境的烧蚀，气化压力越高，磨蚀越厉害；气化温度越高，烧蚀越厉害。而高压高温又是气化所必需的，因此要延长烧嘴寿命，首先应该在材料上想办法，找出耐磨、耐高温、易于制作的材料。同时，烧嘴的夹角合理，既能雾化好又可以减少磨蚀。

（6）激冷环使用寿命短（1 年左右）

AP 水煤浆气化法虽然也存在一些缺点，但其优点是显著的，而且与其他许多有希望且优点突出的气化方法相比较，它最先实现工业化规模生产，已为许多国家所采用。在中国，山东鲁南化肥厂、上海焦化厂、渭河煤化工集团和安徽淮化集团都已引进该煤气化工艺，并都已投入生产。所以，AP 水煤浆气化法是煤气化领域中一个成功的范例。

六、我国多喷嘴对置式水煤浆气化技术

M3-7　多喷嘴水煤
浆气化炉

从我国能源安全战略角度考虑，煤气化具有特殊重要的地位，研发世界一流的、自主知识产权的、大规模煤气化技术，必然成为重要的研究方向。2000 年以来，我国对引进技术进行吸收消化，创新合作，拥有了我国完全独立自主知识产权的煤炭气化技术，不仅获得了自主知识产权，而且打破了国外技术的垄断，对我国绿色煤电及煤化工多联产系统等具有重要的战略意义。

多喷嘴对置式水煤浆气化技术为环境友好型绿色技术，是华东理工大学的科研工作者长期跟踪国外渣油气化和煤气化技术的发展，经过对国外技术的分析总结，提出的一种创新的煤气化技术。在充分研究剖析国外水煤浆气化的不足之处的基础上，全过程完全自主创新，整套技术均具有自主知识产权，技术转让费大大低于国外技术，具有很强的竞争力，值得一提的是该技术现已跨出国门，美国 Valero 能源公司已采用多喷嘴水煤浆加压气化技术，用于石油焦为原料的加压气化。表 3-5 为该技术的应用情况。

表 3-5　多喷嘴对置式水煤浆气化装置工艺参数

建设单位	气化炉规格	压力/MPa	投煤量/(t/d)	产品
兖矿国泰	2 台 φ3.4m	4.0	1150	甲醇、发电
山东华鲁恒升	1 台 φ2.8m	6.5	750	氨、甲醇
兖矿国泰	1 台 φ3.4m	4.0	1150	甲醇、醋酸
兖矿鲁化	1 台 φ3.4m	4.0	1150	氨
滕州凤凰	2 台 φ3.4m	6.5	1500	氨、甲醇
江苏灵谷	2 台 φ3.88m	4.0	1800	氨
江苏索普	3 台 φ3.4m	6.5	1500	甲醇、醋酸
神华宁煤	3 台 φ3.88m	4.0	1960	甲醇、二甲醚

多喷嘴对置式水煤浆气化炉的四个喷嘴在同一水平面上向中间对喷，如图 3-22，形成撞击流场，使混合更充分，燃烧更完全。相对于德士古气化火焰在炉内上部燃烧，气体在炉内停留时间更长，二次反应充分，有效气含量明显提高，尤其因折返流区域存在，更延长了气体在炉内的停留时间。撞击流将燃烧区域约束在炉膛中央，在撞击区域内，氧气浓度相对较高，所以燃烧较德士古炉更为充分，废渣中可燃物含量相对较低。同时，缩短了进料时射流区长度，增加了二次反应面积，二次反应为吸热反应，使得炉壁温度降低，减少对耐火砖的冲刷，有效延长耐火砖使用寿命。

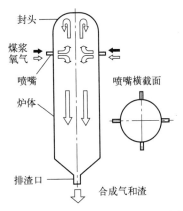

图 3-22　多喷嘴对置式水煤浆气化炉结构示意

1. 技术特点和优势

① 四个对置预膜式喷嘴高效雾化＋撞击，三相混合好，无短路物流，平推流段长，比

氧耗和比煤耗低，气化反应完全，转化率高。

AP 水煤浆气化烧嘴是预混式，煤浆雾化后加速，使煤浆喷头磨损严重，影响整体使用寿命。四喷嘴如果使用预混式烧嘴，煤浆火焰分散，必然引起回流区温度升高，很难达到撞击流的流场分布。因此，四喷嘴使用预膜式烧嘴，利用中心氧雾化，外环氧做切线方向的加速，然后两个对喷的烧嘴出来的氧气、煤浆对撞形成撞击流。从原理来看比预混式烧嘴压降小，火焰比较集中，增强了流场分布，使得二次反应时间加长，也减少了中心氧对煤浆喷头的磨损。

② 多喷嘴使气化炉负荷调节范围大，适应能力强，有利于装置的大型化。AP 水煤浆单喷嘴气化炉负荷调节范围不宜超过 70%～110%。多喷嘴气化炉负荷调节范围不宜超过 60%～120%。

③ 激冷室为喷淋＋鼓泡复合床，没有黑水腾涌现场，液位平稳，避免了带水带灰，合成气和黑水温差小，提高了热能传递效果。

④ 粗煤气混合＋旋风分离＋水洗塔分级净化，压降小、节能、分离效果好。

⑤ 渣水直接换热，热回收效率高，没有结垢和渣堵现象。

多喷嘴气化炉与单烧嘴气化炉相比（表 3-6），有效气成分提高 2～3 个百分点，CO_2 含量降低 2～3 个百分点，碳转化率提高 2～3 个百分点，比煤耗可降低约 2.2%，吨甲醇煤耗减少 100～150kg，比氧耗可降低 6.6%～8%，这是很有吸引力的。同时，调节负荷比单烧嘴气化炉灵活，且适宜于气化低灰熔点的煤。

表 3-6   多喷嘴气化与单烧嘴气化结果对比表

项 目	多烧嘴气化	单烧嘴气化（AP 水煤浆）
有效气（$CO+H_2$）含量/%	84.9	82～83
碳转化率/%	＞98	96～98
有效气比煤耗/（kg/km³）	535	约 547
有效气比氧耗/（m3/km³）	314	约 336

2. 工艺流程

氧气和煤浆经过四个工艺烧嘴雾化后在炉内进行部分氧化反应，生成的粗合成气、熔渣及未完全反应的炭，经过渣口和洗涤冷却水一起进入气化炉洗涤冷却室，粗合成气被冷却和初步洗涤后出气化炉。

出气化炉的粗合成气经过混合器、旋风分离器、水洗塔洗涤除尘后送下游的变换、净化系统。熔渣经冷却固化定期排出系统，由捞渣机捞出，装入渣车运至储界区。气化炉和水洗塔的黑水减压后进入蒸发热水塔，闪蒸出的蒸汽与灰水直接接触换热，酸性气经气液分离后送火炬燃烧。经蒸发热水塔、真空闪蒸浓缩的黑水进澄清槽进行固液分离，含固较低的灰水循环使用。底部含固较高的黑水经压滤系统处理，滤饼运出界外，滤液制备煤浆（图 3-23）。

为保证系统安全运行，装置设有一套安全联锁逻辑控制系统来保证整个生产装置的安全运行。装置运行时，由于某种原因危及系统安全时，安全联锁系统触发停车动作，气化炉按照原设定的程序自动停车，若有一对或一支烧嘴的工艺参数变化到联锁值时，气化炉中一对烧嘴跳车，另一对烧嘴正常运行，后系统减负荷运行。跳车烧嘴故障消除后进行带压连投，系统恢复高负荷生产。

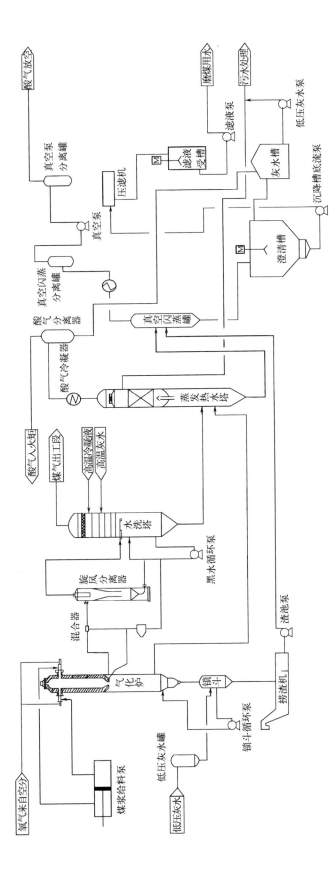

图 3-23 多喷嘴对置式水煤浆气化流程示意图

 **课后习题**

一、基本知识

1. AP 水煤浆气化炉的排渣为＿＿＿＿＿＿。

　A. 固态排渣　　　B. 液态排渣　　　C. 固液两相排渣

2. AP 水煤浆气化炉是一种以＿＿＿＿＿＿进料的加压气流床气化装置，该炉有两种不同的炉型，根据粗煤气采用的冷却方法不同可分为＿＿＿＿＿、＿＿＿＿＿两种类型。

3. AP 水煤浆气化炉激冷室由＿＿＿＿＿、＿＿＿＿＿、＿＿＿＿＿、＿＿＿＿＿等构成。

4. AP 水煤浆气化技术烧嘴以三通道为主，中心管和外环隙走＿＿＿＿＿，内环隙走＿＿＿＿＿。

二、思考与分析

1. AP 水煤浆气化装置需要改进和解决的问题有哪些？

2. AP 水煤浆三套管式烧嘴结构特点是什么？AP 水煤浆烧嘴中心氧的作用是什么？

3. 激冷环是怎样工作的？

4. 水煤浆进料和干煤粉进料各有何优缺点？

5. 你怎样看待 Shell 气化炉膜式水冷壁结构和 AP 水煤浆气化炉的耐火砖结构？

6. 合成气温度很高（1300～1700℃），在与激冷水接触过程中发生剧烈的热质传递，若水膜发生断裂会有何不利影响？

7. AP 水煤浆烧嘴为几通道？如何才能最大限度地提高烧嘴的运行周期？

8. 水煤浆气化炉若采用水冷壁代替采用耐火砖会有哪些优越性？也可能会带来哪些问题？查一查，现在有哪些技术是水煤浆进料的水冷壁炉？

单元 5　分析 GSP 煤气化技术

　　GSP 加压气流床气化技术是近年来开发并投入商业化运行的大型先进气化技术之一，与其他同类气化技术相比，该气化技术在气化炉结构及工艺流程上有其独到之处。本单元将对该技术的核心设备、技术特性、工业应用等情况进行分析。

课前预习

---

　　1. 技术基本情况。

　　① 专利技术商：＿＿＿＿＿＿＿＿＿＿＿。

　　② 气化原料：＿＿＿＿＿＿＿＿＿＿＿（干煤粉/水煤浆）。

　　③ 气化炉类型：＿＿＿＿＿＿＿＿＿＿＿（激冷型/废锅型）。

　　④ 烧嘴情况：＿＿＿＿＿＿＿＿＿＿＿（单/多）喷嘴；＿＿＿＿＿＿＿＿＿＿＿（顶喷/侧壁）喷嘴。

　　⑤ 炉膛情况：＿＿＿＿＿＿＿＿＿＿＿（耐火砖/水冷壁）。

　　⑥ 气化条件：温度＿＿＿＿＿＿＿；压力＿＿＿＿＿＿＿。

　　⑦ 炉内煤气流动方向：＿＿＿＿＿＿＿＿＿＿＿（上行/下行）。

---

2. 对比分析 GSP 气化技术的特点。

项目	AP 水煤浆煤气化技术	GSP 煤气化技术	Shell 煤气化技术
进料状态			
进料位置			
烧嘴类型			
耐火衬里			
合成气的冷却方式			
煤的输送			
气化压力/MPa			
操作温度/℃			
比氧耗（高/低）			
煤种范围（宽/窄）			

3. 识别 GSP 组合式烧嘴结构。

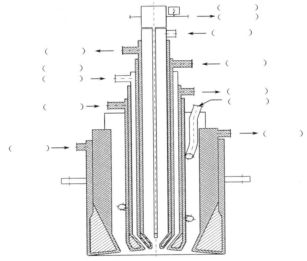

4. 制作 GSP 煤气化技术宣传 PPT 或宣传卡。
（内容涵盖：核心设备情况、技术特点、气化流程、技术发展情况和国内业绩等）

知识准备

GSP 气化炉是由原东德的德国燃料研究所开发的，始于 20 世纪 70 年代末。1991 年 Preussag-Noell 公司取得技术专利权，后为瑞士未来能源公司继承，现为德国西门子（Siemens）所有。西门子拥有完整的 GSP 技术知识产权、气化技术研发团队和中试基地。GSP 气化炉是一种下喷式加压气流床液态排渣气化炉，其煤炭加入方式类似于 Shell 的工艺，炉子结构类似于 AP 水煤浆气化炉。

GSP 气化炉目前应用较少，我国神华宁夏煤业集团煤化工公司烯烃项目引进此技术，其 GSP 干粉气化炉于 2010 年 10 月 4 日投料成功，神华宁夏煤业集团公司的甲醇制丙烯（MTP）装置投料试车，并成功产出纯度为 99.69% 的丙烯产品，2010 年 12 月 31 日产出合格的优等精甲醇，标志着烯烃项目全厂装置工艺流程打通，GSP 气化技术在我国首次运用。

一、 GSP 气化技术关键设备

1. GSP 气化炉

如图 3-24 所示，GSP 气化炉采用单喷嘴顶喷式进料，粗煤气激冷流程，底部液态排渣。由气化喷嘴、水冷壁气化室和激冷室组成，整个气化炉主体为圆筒形结构，气化炉外壁带水夹套。

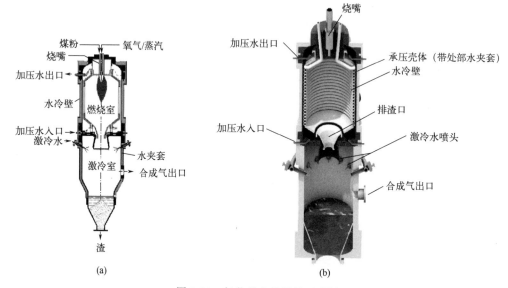

图 3-24　气化炉主体结构示意图

（1）反应室

反应室即为燃烧室，由水冷壁围成的圆柱形空间，其上部为喷嘴，下部为排渣口，气化反应在此进行。

（2）水冷壁

水冷壁减少了向火接触面积，能以渣抗渣，具有自我保护和修复的功能，如图 3-25 所示。

水冷壁由以碳化硅为屏蔽的冷却盘管组成。由于所形成的渣层保护，水冷壁的表面温度小于 500℃。水冷壁仅在气化室的底部加以固定，由气化室和喷嘴顶部的导轨来支撑，因此顶部产生热膨胀不会产生热应力。冷却盘管的数量取决于气化炉的大小和负荷。出于安全考虑，水冷壁盘管的压力要比炉内操作压力高，以防盘管泄漏或损坏。气化炉外壳设有水夹套，用冷却水进行循环，故外壳温度低于 60℃。

（3）激冷室

激冷室是一个上部为圆形筒体和下部缩小的空腔。喇叭口的排渣口，喇叭口的下端是一根环行水管，激冷水由此喷入。洗涤后的粗煤气被冷却至接近饱和（3MPa，211℃），热粗煤气与液态熔渣从反应室经排渣口向下流入激冷室，且二者在此直接与喷入的激冷水接触，粗煤气被冷却至接近饱和温度，熔渣被冷却后固化成玻璃状的渣粒。向激冷室内喷入的激冷水是过量的，以保证粗煤气均匀冷却，并能在激冷室底部形成水浴。

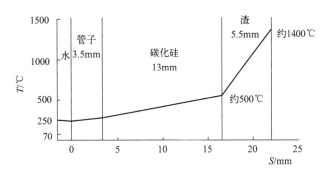

图 3-25　150kW/m² 煤气化装置中水冷壁各层温度分布

（4）气化炉类型

根据气化炉气化室尺寸不同，可将气化炉分为不同规格，如表 3-7 所示。

表 3-7　2.5MPa 气化炉规格

项目	中型	大型	特大型
规格/MW	130	400	800
投煤量/(t/d)	720	2200	4400
热粗煤气量/(m³/h)	50000	160000	320000
气化室内径/mm	2000	2900	3650
气化室高度/mm	3500	5250	6700

2. 气化烧嘴

GSP 的烧嘴是一种内冷式多通道的多用途烧嘴，共有 6 个通道，是 GSP 气化技术的关键设备之一。该烧嘴独有的特点就是每个通道都设计有各自的水夹套来冷却，使烧嘴受热均匀，温度始终保持在一个较低水平，极大地延长了烧嘴使用寿命。烧嘴中心管既可以是干粉通道，也可以是氧化剂通道，是 GSP 气化烧嘴独有的特点，是所有干法和湿法气流床气化烧嘴所不具有的，见图 3-26。

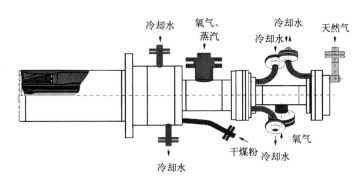

图 3-26　组合式烧嘴外观示意图

进料气体和原料共分内中外三层：烧嘴外层是主燃料（3 个进口），例如煤粉；中层是氧气和高压蒸汽；内层为燃料气，持续点火用，如图 3-27 所示。

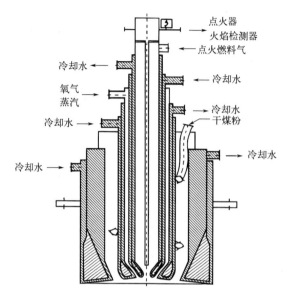

图 3-27 组合式烧嘴结构示意图

该烧嘴还配有闭路循环水冷却系统,安全起见,该冷却系统的循环水压高于气化炉的操作压力。冷却水也有三层,分别在物料的内中层之间、中外层之间和外层之外,这种冷却方式传热比较均匀,可以使烧嘴的温度保持在较低水平,特别是烧嘴头部的温度不致太高,以免将烧嘴的头部烧坏。

烧嘴头部的材料较好,其使用寿命预计可以在 10 年以上,但是,对烧嘴头部金属材料的要求比较高,且每年都要维修。烧嘴的材质为奥氏体不锈钢,高热应力的烧嘴顶端材质为镍合金。

烧嘴由配有火焰检测器的点火烧嘴和生产烧嘴组成,故称为组合式气化烧嘴。点火烧嘴的作用是开车期间对气化炉进行升温升压,达到 3.8MPa 时对主烧嘴进行点火。(正常生产时为防止主烧嘴熄灭,在主烧嘴停车期间继续保持运行,对气化炉进行保压,气化炉重新开启时对主烧嘴进行点火。)主烧嘴即生产烧嘴的作用是在气化炉正常生产压力 3.8MPa 时,把煤粉和氧气送至气化炉燃烧室进行气化反应。

二、 GSP 气化工艺

1. GSP 加料技术

干法气化进料技术是干法气化技术的关键配套技术之一,是干法气化技术的瓶颈,输送和称重计量有一定难度,对粉体温度和压力要求极其严格,关乎整个工艺流程的通畅平稳运行。

GSP 进料技术采用多级组合进料技术,粉体密相气体输送,由常压、加压、变压、加料器和称重计量几个单元组成,各单元间均由球阀连接,并配有压力、温度和料位等指示仪器,如图 3-28 所示。

经研磨的干燥煤粉由低压氮气送到煤的加压和投料系统。此系统包括储仓、锁斗和密相流化床加料斗,依据下游产品的不同,系统用的加压气与载气可以选用氮气或二氧化碳,粉

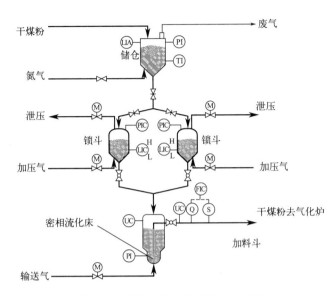

图 3-28　干煤粉密相输送系统示意图

煤流量通过入炉煤粉管线上的流量计测量。

该组合进料技术要求原料 0.2mm 以下的粒级含量达 80％以上，粉体由载气通过输送管送入储仓，载气经除尘过滤后排出系统，两个加压锁斗交替充入粉体并使气体增压至4.0MPa，而且在后续过程形成加压连续输送，粉体经过加压、料位检测进入加料器，并经过称重计量送入气化炉燃烧气化。

该过程属于干法进料较先进的技术，但是过程烦琐，制约因素多，投资较大。

2. GSP 气化技术工艺流程

如图 3-29 所示，GSP 气化工艺流程如下。

（1）干煤粉的加压计量输送系统

经研磨的干燥煤粉由低压氮气送到煤的加压和投料系统。此系统包括储仓、锁斗和密相流化床加料斗。依据下游产品的不同，系统加压气与载气可以选用氮气或二氧化碳。煤粉流量通过入炉煤粉管线上的流量计测量。

（2）气化与激冷系统

载气输送过来的加压干煤粉、氧气及少量蒸汽（对不同的煤种有不同的要求）通过组合烧嘴进入气化炉中。气化炉包括水冷壁由耐热低合金钢制成的气化室和激冷室。西门子气化炉的操作压力为 2.5～4.0MPa。

根据煤粉的灰熔特性，气化操作温度控制在 1350～1750℃之间。高温气体与液态渣一起离开气化室向下流动直接进入激冷室，被喷射的高压激冷水冷却，液态渣在激冷室底部水浴中成为颗粒状，定期地从渣锁斗中排入渣池，并通过捞渣机装车运出。从激冷室出来的达到饱和的粗合成气输送到下游的合成气净化单元。

（3）气体除尘冷却系统

气体除尘冷却系统包括两级文丘里洗涤器，以洗去携带的颗粒物，以及部分冷凝器和洗涤塔。净化后的合成气含尘量设计值小于 1mg/m³，输送到下游。

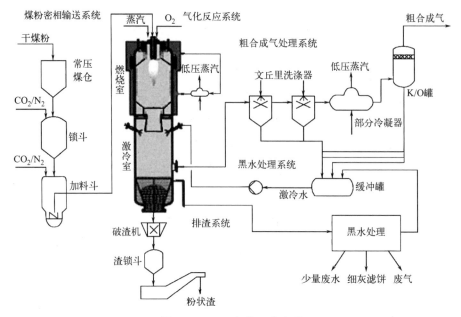

图 3-29　GSP 气化工艺流程

文丘里洗涤器的工作原理如图 3-30 所示。文丘里洗涤器靠高速运动的气流及流经的管道截面发生变化，使气体与洗涤水在高速气流中发生相对运动，从而达到洗涤气体的目的。

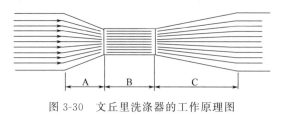

图 3-30　文丘里洗涤器的工作原理图

文丘里洗涤器的除尘过程，可分为雾化、凝聚和脱水三个过程。文丘里管实际上是整个装置的预处理部分，它使微粒凝聚而使其有效尺寸增大，易于捕集，而真正将颗粒物与夹带在微粒中的水滴分离的过程是在除雾器中进行的。

在 A 段以前气体与洗涤水以同等速度流动，进入收缩管 A 后流速增大，粗合成气产生较大的加速度，由于洗涤水质量较重，产生的加速度较小。此时洗涤水与气体即产生相对运动，因而两者就有了碰撞、接触的机会，同时洗涤水被雾化。

在喉管 B 中，气体流速达到最大值，由于管道截面较小，气体及洗涤水均被压缩，运动速度达到 50～100m/s，此时 B 段成为高密度的混合区，从喷嘴喷射出来的水滴，在高速气流冲击下进一步雾化成更细小的液沫（雾滴），气体湿度达到饱和，同时尘粒表面附着的气膜被冲破，使尘粒被水润湿，压力降低，尘粒与水滴或尘粒与尘粒之间发生激烈的碰撞、凝聚。

通过 B 段以后，气体与洗涤水的混合体，以高密度、高速度的形态进入扩散管 C，由于截面增大，所以气流速度减小，压力回升，在气、液、固三相之间由于惯性力的不同，产生了相对运动，于是不同大小固体颗粒间、液体和固体间以及液体不同直径水滴间发生了相互碰撞、凝聚，即洗涤水对气体又进行了一次捕集。气流速度的减小和压力的回升使凝聚作用发生得更快，有利于颗粒有效尺寸的增大。粒径较大的含尘水滴进入脱水器后，在重力、离心力等作用下，尘粒与水分离，达到除尘的目的。

（4）黑水处理系统

系统产生的黑水经减压后送入两级闪蒸罐去除黑水中的气体成分，闪蒸罐内的黑水则送入沉降槽，加入少量絮凝剂以加速黑水中细渣的絮凝沉降。沉降槽下部沉降物经压滤机滤出并压制成渣饼装车外送。沉降槽上部的灰水与滤液一起送回激冷室作激冷水使用。为控制水中总盐的含量，需将少量污水送界区外的全厂污水处理系统，并在系统中补充新鲜的软化水。

3. GSP 煤气化技术的优越性

（1）原料煤适应范围宽

GSP 气化对煤质要求不苛刻，褐煤、烟煤、无烟煤均可气化，对煤的活性也没有要求，对煤的灰熔点适应范围比其他气化工艺更宽。对于高灰分、高水分、含硫量高的煤种也同样适应。

（2）设备寿命长

GSP 气化炉采用水冷壁结构，避免了因高温、熔渣腐蚀及开停车产生应力而对耐火材料破坏，导致气化炉无法长周期运行。气化炉不需要耐火砖绝热层，而且炉内没有传动设备，所以运转周期长，可单炉运行，不需要备用炉，可靠性高。水冷壁设计寿命25 年。

（3）技术指标优越

温度1350～1750℃，碳转化率99%，CH_4 含量小于 0.1%（体积分数，下同），$CO+H_2$ 含量大于 90%，不含重烃。如表3-8所示。

表 3-8　粉煤气化参数

项　　　目		褐煤	
		有助熔剂	无助熔剂
煤气[粗煤气(干)]产量/(m³/h)		40000	40000
单位粗煤气(干)的粉煤消耗率/(kg/m³)		0.645	0.646
气化效率/%		69	72.5
碳转化率/%		99.7	99.5
粗煤气(干)组成	$\varphi(H_2)/\%$	39～42	36～41
	$\varphi(CO)/\%$	39～43	36～41
	$\varphi(CO_2)/\%$	11～13	15～19
	$\varphi(N_2)/\%$	2.5～3.9	3.1～4.0
	$\varphi(CH_4)/\%$	0～0.4	0～0.4
	$\varphi(CO+H_2)/\%$	约85	约79

（4）烧嘴使用寿命长

气化炉烧嘴及控制系统安全可靠，启动时间短，只需约 1h，设计寿命至少10 年，其间仅需要对喷嘴出口处进行维护，气化操作采用先进的控制系统，设有必要的安全联锁，使气化操作处于最佳状态下运行。只有一个联合烧嘴（点火烧嘴与生产烧嘴合二为一），烧嘴使用寿命长，为气化装置长周期运行提供了可靠保障。

（5）工艺技术简单

采用激冷流程，高温煤气在激冷室上部用若干水喷头将煤气激冷至200℃左右，然后用文丘里除尘器将煤气含尘量降低到1mg/m³以下。这种工艺技术简单，设备及运行费用较低。除烧嘴和水冷壁、部分阀门、特殊仪表外，大部分设备已国产化。

（6）投资降低

干法进料，与水煤浆气化工艺相比，氧耗降低15%～25%，因而配套的空分装置规模可减少，投资降低。

（7）对环境影响小

无有害气体排放，污水排放量小，炉渣不含有害物质，可作建筑原料。

GSP工艺已经过多年大型装置的运行，证明可以气化高硫、高灰分和高盐煤。煤气中CH_4含量很低，可作合成气，气化过程简单，气化炉生产能力大。中试的试验表明，这一方法也可以气化硬煤和焦粉。此法具有Shell法和AP水煤浆法的优点，又避开了它们的缺点，目前受到中国有关企业的广泛重视。

4. GSP煤气化技术暴露出的问题

（1）粗合成气带灰量大，合成气洗涤设备堵塞严重

因气化炉液位不稳、水循环不稳定、各气化炉水资源分配不足等原因，粗合成气带灰量大，又因洗涤水中固体含尘量增加，造成管线、阀门等磨蚀严重，洗涤系统无法保证出界区的合成气含尘量达到正常设计值≤1mg/m³，实际进入变换装置的合成气含尘量取样分析竟高达10～14mg/m³，导致下游变换装置的原料气加热器和变换保护床等设备堵塞，气化系统停车频繁。

（2）烧嘴点火失效，点火成功率低

气化炉燃烧期间，点火烧嘴长期地处于高温辐射下，由于烧嘴冷却水通道的限制，如冷却水中杂质沉积导致水流不畅通，以及烧嘴维修时材料选择不对等，导致点火烧嘴故障频发，点火失效且点火烧嘴频繁地烧损，点火成功率不足一半，且仅依靠火检验无法准确判断火焰是否存在，以及点火失败是电气的点火器发生了问题、仪表的火检检测不到火焰，还是工艺介质不合格的问题。

（3）煤粉主烧嘴端面烧损，水冷壁挂渣效果不好

由于主烧嘴使用中因烧嘴端面频繁烧损导致烧嘴使用寿命短，且气化炉投煤运行期间烧嘴不能有效收缩火焰，气化炉的炉膛存在壁面热损失很高的问题，当热损失达到一个峰值，稳定后才能下降至3MW左右。煤粉通过主气化烧嘴进入气化炉炉膛后的一段时间内，由于煤粉弥散不均，旋转半径较大，存在偏烧问题，而高温火焰靠近水冷壁，导致水冷壁的挂渣效果不太理想，严重时会导致膜式水冷壁烧穿。

（4）粉煤输送系统不稳定

在开车过程中煤粉输送系统出现的问题较多，如料位指示失真、锁斗进料程序混乱、锁斗下料不畅、煤粉的返料系统堵塞等，其中最主要的问题是煤粉输送流量不稳定，尤其是在开车阶段，很难保持稳定的煤粉输送量。

课后习题

一、基本知识

1. GSP 气化炉为水冷壁炉，采用_____式进料，粗煤气_____流程，_____排渣。

2. 组合式烧嘴由配有火焰检测器的_____和_____组成，故称为组合式气化烧嘴。

3. GSP 气化炉与 Texco 气化炉在炉型上不同之处在于：GSP 在气化段采用_____结构，而 AP 水煤浆采用_____；都是单烧嘴顶喷下行，一个是_____进料，一个是_____进料。

4. GSP 气化炉由_____、_____和_____组成。

5. 出气化炉的粗煤气进入气体除尘冷却经过_____进行除尘，洗去携带的颗粒物。

6. 干燥煤粉送到煤的加压和投料系统，此系统包括_____、_____和_____。

二、思考与分析

1. GSP 气化技术的干煤粉的加压计量输送系统，采用的加压气与载气可以选用氮气或二氧化碳，请查阅资料，说明在什么情况下用氮气，什么情况下用二氧化碳。

2. 查阅资料，了解 GSP 气化技术在国内的业绩情况。

单元 6　分析航天炉粉煤加压气化技术

随着对国外先进的气流床气化技术运行经验的总结、技术的吸收，我国先后开发了许多自主知识产权的气化技术，其中航天炉（HT-L）粉煤加压气化技术就是典型的一例，本单元将对该技术的核心设备、技术特性、工业应用等进行分析，来认识我国 HT-L 粉煤加压气化技术的情况。

课前预习

1. 技术基本情况。

① 专利技术商：_____。

② 气化原料：_____（干煤粉/水煤浆）。

③ 气化炉类型：_____（激冷型/废锅型）。

④ 烧嘴情况：_____（单/多）烧嘴；_____（顶喷/侧壁）烧嘴。

⑤ 炉膛情况：_____（耐火砖/水冷壁）。

⑥ 气化条件：温度_____；压力_____。

⑦ 炉内煤气流动方向：_____（上行/下行）。

2. 对比航天炉、Shell 和 AP 水煤浆气化技术。

项目	航天炉	Shell	AP 水煤浆
进料方式			
烧嘴类型			
燃烧室衬里类型			
气化炉类型(粗煤气冷却方式)			

续表

项目		航天炉	Shell	AP 水煤浆
指标	比氧耗(高/低)			
	有效气成分(高/低)			
	气化热效率(高/低)			
电耗(高/低)				
设备国产化程度				

3. 制作 HT-L 煤气化技术宣传 PPT 或宣传卡。

（内容涵盖：核心设备情况、技术特点、气化流程、技术发展情况和工业业绩等）

 知识准备

航天炉（HT-L）粉煤加压气化技术为航天长征化学工程股份有限公司（简称"航天工程公司"，前身为北京航天万源煤化工工程技术有限公司）主营业务。该技术可广泛应用于煤制合成氨、煤制甲醇、煤制烯烃、煤制乙二醇、煤制天然气、煤制油、煤制氢、IGCC 发电等领域。

HT-L 粉煤加压气化技术属于加压气流床工艺，是在借鉴 Shell、AP 水煤浆及 GSP 加压气化工艺设计理念的基础上开发的、具有独特创新性的新型粉煤加压气化技术。HT-L 和GSP 二者在工艺及操作上有很多相似之处，但 HT-L 技术是我国自主专利，很多设备、材料实现了国产化，经过长期运行检验，其运行维护费用较低，生产工艺操作稳定，具有一定的优势。

该技术广泛应用于煤制合成氨、煤制甲醇、煤制烯烃、煤制乙二醇、煤制天然气、煤制油、煤制氢、IGCC 发电等多个领域，在操作安全性、生产稳定性、煤种适应性、运行经济性、环境友好性等方面与国内外同类技术相比均表现出较强的优势。

一、航天炉的结构特征

航天炉由烧嘴、气化炉燃烧室、激冷室及承压外壳组成，其中烧嘴为点火烧嘴、开工烧嘴和工艺烧嘴组成的组合式烧嘴。如图 3-31 所示。

气化炉燃烧室内部设有水冷壁，气化温度能到 1400～1700℃，气化压力 4MPa，其主要作用是抵抗高温及熔渣的侵蚀，水冷壁采用圆筒形盘管，无耐火砖衬里，水强制循环，水冷壁结构简单、易制造、正

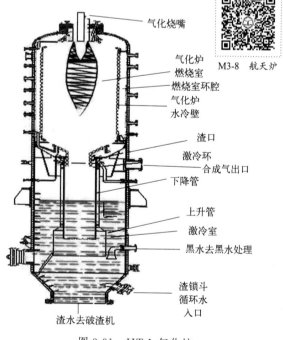

M3-8　航天炉

图 3-31　HT-L 气化炉

常使用维护量小、运行周期长、无需设置备用炉。这与 Shell 气化炉的水冷壁呈多段竖管排列不同，避免了水路复杂、需采用合金钢材质、制造难度大等一些问题。

为了保护气化炉压力容器及水冷壁盘管，水冷壁盘管内通过中压锅炉循环泵维持强制水循环。盘管内流动的水吸收气化炉内反应产生的热量并部分气化，然后在中压汽包内进行气液分离，产出 5.0MPa（表压）的中压饱和蒸汽送入蒸汽管网。水冷壁盘管与承压外壳之间有一个环腔，环腔内充入流动的 CO_2（N_2）作为保护气。

激冷室为一承压空壳，外径与气化炉燃烧室的直径相同，上部设有激冷环，激冷水由此喷入气化炉内。下降管将合成气导入激冷水中进行水浴，并设有破泡条及旋风分离装置，这种结构可有效解决气化炉带水问题。

航天炉除烧嘴及盘管采用不锈钢材质外，其余全为碳钢材料。气化炉及水冷壁设计使用寿命 10～20 年，烧嘴设计使用寿命 10 年（头部一般每 6 个月维护 1 次）。

二、烧嘴

烧嘴是航天炉气化装置的核心设备，如图 3-32，气化烧嘴都有一个共同点，即工艺适应性单一，每一种煤气化技术必须自行研发设计只适合自身的烧嘴，气化烧嘴的设计和生产质量决定了气化装置的性能高低和寿命长短，最终影响装置的运行经济性。

图 3-32　HT-L 气化烧嘴

烧嘴的作用是将工作介质通过介质通道和喷口引入炉膛，利用合理的喷口结构控制介质在炉内的流场、温度场分布，完成气化反应。

航天炉气化烧嘴从功能上可以分为：点火烧嘴、开工烧嘴、工艺烧嘴，三种烧嘴的作用各不相同。

点火烧嘴主要以点火引燃开工烧嘴为目的，其特点是能量小、工作时间短，作为发火源对其可靠性、稳定性和长效性要求较高。

开工烧嘴是以将炉内的环境升温升压至指定工况，并引燃工艺烧嘴为目的，工作特点为负荷调节范围大，温度范围控制严格，对其被点燃的可靠性和升负荷过程中的稳定性、长效性要求高。

工艺烧嘴又名生产烧嘴、主烧嘴，承担着主要的生产任务，在升负荷过程中和额定工况下，其流场和温度场的合理布置决定了气化炉及其内件的寿命和各项气化性能指标。主烧嘴的作用是在气化炉正常生产压力 4MPa 时，把粉煤和氧气输入气化炉燃烧室进行气化反应，生成以氢气和一氧化碳为主的原料气。主烧嘴带有冷却水夹套，目的是防止气化炉燃烧室内的高温对主烧嘴外表面的高温辐射。

航天炉烧嘴是分体式烧嘴，点火、开工和工艺烧嘴各不相同，每个烧嘴都有自己的功能。干煤粉进料，由三根煤粉管、高压 CO_2/N_2 作为载体进行输送；煤粉管呈螺旋结构，保证粉煤进入粉煤混合腔分布均匀后从喷口喷出，在炉内与螺旋的氧气充分混合，完成反应；粉煤管贯穿外层水冷夹套，利用冷却水温对煤粉加热。

烧嘴的工作过程是，常压下控制系统给出点火指令，点燃点火烧嘴，再由点火烧嘴火焰点燃开工烧嘴，开工烧嘴点燃后逐渐提升负荷，炉温升至 800℃ 以上，压力在 0.6～1MPa 后由工艺烧嘴投入煤粉和氧气，煤粉被开工烧嘴点燃后逐渐调整负荷。

为保护烧嘴头部不受损坏，必须注意冷却水和保护气是否正常。

① 烧嘴冷却水。整个工作过程冷却水充满燃烧器，尤其以头部的保护为重点，因此必须保证冷却水连续供应，流量和压力要达到设计值，水质要洁净，采用软化水。为了保证运行安全，一般冷却水的压力大于气化炉炉内压力 0.3MPa 左右。

② 烧嘴保护气。正常工作时，开工烧嘴和点火烧嘴介质通道通入惰性保护气体，以保证高温气体不回流至烧嘴通道内。点火烧嘴保护气用量较小，开工烧嘴保护气用量较大，主烧嘴保护气除了防止回流外还有降低烧嘴头部温度的作用。在氧气流的核心区通入惰性保护气体，可以降低氧气和可燃物的浓度，阻止燃烧的发生，达到使火焰远离烧嘴的目的。

三、工艺流程

如图 3-33 所示，气化装置分以下单元：粉煤进料单元、气化和洗涤单元、排渣单元、渣水处理单元。

① 粉煤进料单元：粉煤锁斗内充满粉煤后，即与粉煤储罐及所有低压设备隔离，然后进行加压，当其压力升至与粉煤给料罐压力相同时，且粉煤给料罐内的料位降低到足以接收一批粉煤时，打开粉煤锁斗与粉煤给料罐之间的平衡阀进行压力平衡，然后依次打开粉煤锁斗和粉煤给料罐之间的两个切断阀，粉煤通过重力作用进入粉煤给料罐。粉煤锁斗卸料完成后，通过将气体排放至粉煤储罐过滤器进行泄压，泄压完成后重新与粉煤储罐经压力平衡后连通，此时，一次加料完成。为了保证到烧嘴的煤流量稳定，在粉煤给料罐和气化炉之间控制粉煤给料罐的压力保持在一个恒定的压差 0.7～0.8MPa。

来自空分的氧气（约 25℃，5.0MPa）经氧气预热器加热至 180℃ 后与中压过热蒸汽（约 420℃，4.9MPa）混合后作为氧化剂经烧嘴的氧气/蒸汽通道送入气化炉。氧气流量与粉煤流量为比例控制，以防止气化炉超温。

粉煤用高压二氧化碳（开车时为氮气）通过三条粉煤输送管线采用密相输送方式，送入气化炉烧嘴的粉煤通道。粉煤的流量通过粉煤管线上的温度、压力、悬浮密度、速度的测量仪表以及特殊的粉煤流量调节阀进行控制。

② 气化和洗涤单元：粉煤、氧气、蒸汽通过烧嘴进入气化炉进行反应。反应后的合成气经初步洗涤后到下个工序。

③ 排渣系统：在气化炉底部的激冷室中产生的粗渣被破渣机破碎，然后通过渣锁斗系统排至捞渣机。为了确保顺利排渣，在气化炉激冷室和渣锁斗之间设有一台锁斗循环泵，使渣水在渣锁斗和气化炉激冷室之间进行循环。

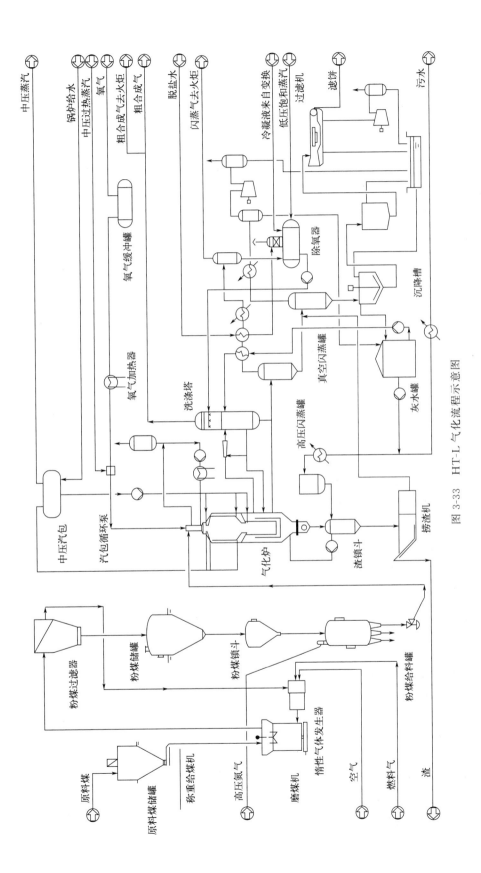

图 3-33 HT-L 气化流程示意图

④ 渣水处理系统：从气化炉激冷室和洗涤塔底部来的黑水在减压后送入高压闪蒸罐进行闪蒸，闪蒸蒸汽经高压闪蒸分离罐后，分离出来的冷凝液送到除氧器，蒸汽一部分送去除氧器作为除氧蒸汽用，其余部分送出界区作为工艺蒸汽。除氧器的水由除氧水泵送至高压闪蒸汽提塔经处理后，由洗涤塔给料泵输送至洗涤塔以保持其液位。洗涤塔塔底水由激冷水泵送至气化炉激冷室以保持其液位。高压闪蒸罐底部的水和固体通过液位控制进入真空闪蒸罐。真空闪蒸罐的黑水进一步进行闪蒸，分离出其中溶解的少量气相组分。真空闪蒸罐顶蒸汽经过真空闪蒸冷凝器冷却，再经真空闪蒸分离罐分离后，不凝气由闪蒸真空泵排至大气，分离罐底液体进入灰水槽。真空闪蒸罐底部的液体和固体混合物自流进入沉降槽。

四、航天炉技术与 Shell、AP 水煤浆气化技术的比较

1. 与 Shell 气化技术比较

（1）流程简单

航天炉技术开发时的目标定位是煤制合成气用于生产甲醇或合成氨，采用简单特殊的水冷壁和激冷、洗涤除尘流程。该工艺是将高温合成气在激冷水的作用下将其温度激冷至210℃左右，合成气出界区温度控制在 190～200℃，湿煤气中的饱和水蒸气量完全能够满足 CO 变换所需。

Shell 粉煤气化技术开发目标定位是联合循环发电，采用废热锅炉回收合成气中的废热，用干法陶瓷过滤器除尘，以获取最高的热效率。将其用于生产甲醇等产品时，Shell 气化工艺近 3 亿元的投资产出的蒸汽约 70% 用于变换，若用于制纯 H_2，这个比例更大。

（2）电耗低

Shell 粉煤气化技术采用废热锅炉和干法除尘流程，用于吹扫的 CO_2 或 N_2 量很大。除制氨外，其他合成气均不能用 N_2，只能用 CO_2，其用于粉煤输送和吹扫的 CO_2 量比航天炉多 1.5 倍。合成气进入废锅前必须将合成气温度由 1500℃降至 900℃左右，目的是将合成气中的熔融物固化，防止其黏结在废锅换热管上，因此要增设一台激冷气压缩机，将除尘后温度为 40℃ 的合成气返回气化炉出口的激冷管，电耗较大。

采用航天炉技术生产粗甲醇（质量分数 94%）时，吨产品的电耗只有 330kW·h。

（3）水冷壁结构简单

Shell 粉煤气化技术的水冷壁制造难度大，废热锅炉处在高温、高压、高固体含量、颗粒冲刷、强腐蚀介质的工作环境中，需定期吹扫和敲打除灰。若干组干式陶瓷过滤器要周期性地交替进行反吹扫除灰，且设备需进口，不仅大大增加了投资，而且还增加了操作控制难度及设备维修量，降低了装置运行的可靠性。

航天炉的水冷壁为圆筒形盘管，水强制循环，水路简单，制造容易。

（4）设备国产化率高

航天炉气化装置内绝大部分设备，例如气化炉、粉煤烧嘴、破渣机、中压锅炉循环泵、烧嘴冷却水泵、激冷水泵、密封冲洗水泵、洗涤塔给料泵、粉煤系统切断阀、渣水系统切断阀、氧气系统切断阀、闪蒸系统用角阀以及部分调节阀等，均完全国产。

而 Shell 粉煤气化技术的烧嘴、气化炉内件、合成气冷却器内件及陶瓷过滤器等均需进口，且加工周期较长。

（5）项目建设周期短

安徽临泉化工股份有限公司航天炉粉煤加压气化项目建设周期 24 个月，河南永煤集团濮阳龙宇化工有限责任公司航天炉粉煤加压气化项目，建设周期 18 个月。

2. 与 AP 水煤浆气化技术比较

虽然航天炉技术与 AP 水煤浆煤气化技术都属气流床加压、液态排渣技术，采用粗煤气激冷、洗涤除尘流程，但航天炉技术采用干粉煤进料，AP 水煤浆煤气化技术采用水煤浆进料，两者之间存在较大差异。

（1）航天炉技术原材料消耗低，气化指标先进

航天炉技术生产单位产品（$CO+H_2$）的原料煤消耗比 AP 水煤浆煤气化技术低 12%～13%（包括煤干燥在内），氧耗低 15%，电耗则是航天炉技术高，但与前两项相比，其影响非常小。与 AP 水煤浆煤气化技术相比，航天炉技术冷煤气效率高 10%，碳转化率高 1.5%，煤气化热效率（包括变换用蒸汽）高 4%。煤气中有效成分（$CO+H_2$）体积分数：航天炉技术为 86%～92%，AP 水煤浆煤气化技术为 78%～81%。

（2）航天炉技术原料适应性强

目前航天炉技术示范装置试烧过的原料包括褐煤到无烟煤等多种煤种，对原料灰分、灰熔融性温度的限制比 AP 水煤浆煤气化技术宽松得多。航天炉水冷壁的功能是根据灰熔融性温度的变化自动调整挂渣膜厚度，灰熔融性温度高的煤，水冷壁也完全能适应。而 AP 水煤浆煤气化技术要选用年轻褐煤、含水高的煤，制备的水煤浆质量分数达不到 60%以上的煤不宜选作原料，灰熔点＞1400℃、灰分＞20%的煤也不宜选用，而这些煤完全能用于航天炉气化。

3. 航天炉气化技术暴露的一些问题

航天炉系统联锁多，特别是试车时，数据变动有可能造成跳车；多种因素会导致炉温超温，烧坏耐火材料甚至盘管；由于操作不稳定等因素，会造成粗渣、滤饼中残碳含量较高；粗渣和滤饼中含水量较高，后续处理较为困难，一般无法回收；水处理系统不太完善，水温较高，易造成滤布变形跑偏或打折损坏滤布，两级闪蒸不如三级闪蒸；副产蒸汽为饱和蒸汽，如需用过热蒸汽只能降压使用，给全厂的蒸汽平衡带来一定困难。

航天炉、Shell、AP 水煤浆三种气化技术指标比较见表 3-9。

表 3-9　航天炉、Shell、AP 水煤浆三种气化技术指标比较

项目	航天炉	Shell	AP 水煤浆（GE、TEXACO）
比氧耗/（m^3/km^3）	330～360	330～360	410～430
有效成分 $CO+H_2$/%	89～91	89～93	78～81
碳转化率/%	＞99	＞99	＞98
冷煤气效率/%	80～83	80～83	71～76
煤气化热效率/%	约95	96	86
原料煤输送形式	干粉，气体输送	干粉，气体输送	水煤浆，泵输送
烧嘴寿命	10年，每6个月维修头部	10年，每1.5年维修头部	每1.5个月维修头部
水冷壁或耐火砖寿命	水冷壁结构简单，属圆筒盘管型，水路简单，易制造，寿命＞10年	水冷壁呈多段竖管排列，水路复杂，合金钢材质，制造难度大，寿命＞10年	昂贵的耐火砖只能用一年

续表

项目	航天炉	Shell	AP 水煤浆（GE、TEXACO）
原料煤的适应性	气化原料煤几乎涵盖从褐煤到无烟煤的所有煤种,可以实现原料煤本地化	气化原料煤几乎涵盖从褐煤到无烟煤的所有煤种,可以实现原料煤本地化	对煤种要求高(灰熔点低于1250℃,成浆性好),无法实现原料煤本地化
电耗	低	因有激冷气压缩机和反吹气压缩机,所以电耗较高	低

课后习题

1. 航天炉由_____、_____、激冷室及承压外壳组成。

2. 航天炉组合烧嘴的工作过程:常压下控制系统给出点火指令,点燃_____,再由其点燃_____烧嘴,开工烧嘴点燃后逐渐提升负荷,炉温升至 800℃ 以上,压力在 0.6～1MPa 后由_____投入煤粉。

3. 航天炉技术生产单位产品的氧耗与 AP 水煤浆相比要_____,冷煤气效率要_____。

4. 航天炉正常工作时,开工烧嘴和点火烧嘴介质通道通入_____,以保证高温气体不回流至烧嘴通道内。

单元 7　分析神宁炉干煤粉加压气化技术

该技术是国内新气化技术之一,通过国内煤化工行业的不懈努力,总结经验、吸取教训,对国外引进技术进行消化吸收,逐渐走向自主知识产权的气化技术道路。本单元主要认识该技术的特点,了解我国气化技术发展状况,了解气化技术发展中比较集中的瓶颈问题,了解主流气化技术发展趋势。

课前预习

1. 技术基本情况。

① 专利技术商:_____。

② 气化原料:_____（干煤粉/水煤浆）。

③ 气化炉类型:_____（激冷型/废锅型）。

④ 烧嘴情况:_____（单/多）烧嘴;_____（顶喷/侧壁）烧嘴。

⑤ 炉膛情况:_____（耐火砖/水冷壁）。

⑥ 气化条件:温度_____;压力_____。

⑦ 炉内煤气流动方向:_____（上行/下行）。

2. 查阅资料,列举我国自主知识产权的气化技术,以及各技术的特点。

3. 制作神宁炉煤气化技术宣传 PPT 或宣传卡。

（内容涵盖:核心设备情况、技术特点、气化流程、工业业绩和技术发展情况等）

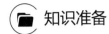 知识准备

一、神宁炉干煤粉气化技术简介

我国首次应用 GSP 气化技术的是国家能源集团宁夏煤业 50 万吨煤基烯烃项目，试运行期间，GSP 干煤粉技术暴露出诸多技术问题，如点火成功率低、煤粉流量不稳定、合成气洗涤系统不成熟、合成气含灰量大、挂渣效果不好等，且受制于西门子专利技术的垄断，为克服"移植"国外技术诸多水土不服的问题，神华宁煤集团研发的自主知识产权的神宁炉气化技术，由宁夏神耀科技有限责任公司作为主营业务进行推广。

二、神宁炉气化技术关键设备简介

1. 气化炉

气化炉的设计采用干煤粉加压气化、渣气并流向下、降膜泡核蒸发、水浴破泡方式激冷和除尘。

气化炉采用组合烧嘴，烧嘴安装在气化炉的最顶部，气化反应室采用水冷壁结构形成气化反应空间。经过烧嘴，煤粉、氧气和蒸汽在炉内进行高温反应，水冷壁上会形成固态渣层和熔融的渣层，通过"以渣抗渣"来有效保护水冷壁自身免受高温影响。熔渣和合成气通过出渣口进入激冷室进行水浴激冷，液态熔渣经激冷后形成固态玻璃体排出，合成气经水浴冷却除尘之后进一步洗涤除尘。

气化炉由压力容器外壳和内件两大部分组成，通过中间的隔离连接构件将气化炉分成气化室和激冷室两个功能区。

2. 新型闭式循环膜式水冷壁

闭式循环膜式水冷壁反应室，湍流强度大、反应程度高，反应室与组合烧嘴及稳流排渣系统耦合效率高、灰渣比低、运行可靠。多路、独立、闭式循环的膜式水冷壁盘管结构设计，冷却水分布均匀、传热过程无相变，炉内温度场变化可测可控，外壳与水冷壁之间采用夹套式、中部无连接件设计，既可有效消除高温应力，隔热效果又好，先进的水冷式梯级扩径稳流排渣系统设计，减少了合成气及熔渣由燃烧室进入激冷室过程中出现的散射和涡流。

3. 国产干煤粉气化组合烧嘴

气化炉是装置运行的核心设备，而煤粉烧嘴和点火烧嘴又是气化炉长周期、稳定运行的关键；西门子气化炉烧嘴自投运以来，在运行过程中出现了不少的技术问题。

（1）新型一体化点火烧嘴设计原理

采用高能量点火方式，能够克服低温、积水、积灰、结焦等不良运行环境，将高能点火器的优势用到现有点火烧嘴中，在保证稳定点火的基础上，提高氧气喷头的耐高温能力，即采用冷却水强制冷却的方法，保护氧气喷头端面不被烧损。

煤粉投运时，可以在点火烧嘴氧气通道中通入一定比例的高压蒸汽，以降低氧气比例，使点火烧嘴头部火焰推离端面。

（2）新型一体化点火烧嘴的主要特点

采用高能量、耐污、抗水的点火器；冷却水端面采用先进的旋流冷却技术，提高了水侧

对流换热系数，降低了烧嘴端面向火侧金属壁面的温度，该温度可以控制在 $T+100℃$（T 为冷却水温度）左右；氧气与混合石油气仍然为非预混燃烧，保证安全、稳定燃烧；高能点火枪布置在点火烧嘴头部，中心管仍然通入一定量的氮气，既能防止高温烟气回流，又能冷却点火烧嘴头部。

（3）三合一在线火焰监测系统

针对现有高温、高压气化炉燃烧反应难以实时检测的问题，提出了一种在小视窗条件下对气化炉的燃烧进行实时监控的一体化装置，为气化炉的稳定运行提供可靠信号。既能提供火焰检测信号（开关量用于联锁，模拟量用于显示火焰强度），又能提供火焰图像视频和火焰温度。经过在气化炉上的试用，效果比较明显，对点火过程的控制和火焰信号的判断更加直观。

三、主要技术特点

1. 自主知识产权，安全可靠

AP水煤浆和四烧嘴虽能长周期运行，但对煤质要求严格，一般要求煤灰分不超过 12％，否则气化炉内容易结渣。GSP虽然煤质使用范围广，但自试车以来，暴露问题很多。而神宁炉气化技术的气化炉和组合烧嘴等主要设备全部实现国产化，可有效节约投资，缩短制造及检维修时间，气化炉在国内生产 12 个月即可满足货到现场，具备吊装条件。检维修时间短，组合烧嘴制造周期仅为 4 个月。

2. 对煤种适应性强，气化压力高，生产能力大，安全可靠，开停车时间短，操作方便，碳转化率高，可达到 98％以上

该技术采用干煤粉作气化原料，不受成浆性的影响，对煤种的适应性更广泛，可短时间内处理灰分在 18％～23％的煤质。气化炉操作压力为 4.5MPa，与低操作压力的气化炉相比，神宁炉单位体积的生产强度高，单台气化炉的正常生产能力为有效气（$CO+H_2$）142000m³/h。合成气出界区压力可达到 4.1MPa，更适应下游各种产品要求。神宁炉部分气化参数如表 3-10 所示。

表 3-10　神宁炉气化技术参数

项目	参数	项目	参数
气化压力	4.0～4.5MPa	有效气含量	91％～94％
气化温度	1350～1650℃	渣灰比（干基）	大于 6:4
$CO+H_2$	142000m³/h	渣中含碳	1％
比煤耗	580kg/km³	滤饼含碳	≤28％
比氧耗	320m³/km³	激冷室黑水流量	300t/h
碳转化率	≥98.00％	激冷室黑水浓度	2.40％
冷煤气效率	81.50％	合成气带灰量	≤1mg/m³

注：以上数据基于 400 万 t/a 煤制油项目。

3. 反应室采用水冷壁闭式循环系统

冷却水在反应室膜式壁管内压力高于气化炉压力，无相变，易于控制，且副产 8t/h 蒸

汽。水冷壁管在每个单独的通道上监测热负荷，从而可以反映气化炉竖向温度场，为操作提供有效依据，整个系统的安全性高。

4. 余热回收率高，合成气洗涤效果好，降低公用工程消耗，运行成本低

（1）高效节能的闪蒸工艺

该技术黑水闪蒸采用三级闪蒸工艺，一级采用蒸发热水塔的工艺形式，最大限度地回收系统热量，减少蒸汽和循环水消耗，大大节约了装置的运行成本。二/三级闪蒸分别采用传统的低压闪蒸与真空闪蒸工艺。

（2）高效的合成气洗涤系统

气化炉激冷室内设置下降管，高温合成气和熔渣经下降管进入水浴。合成气经水浴冷却除尘之后进入后续一级文丘里洗涤器＋分液罐＋二级文丘里洗涤器＋洗涤塔进行分级洗涤，出界区的合成气正常含尘量≤1mg/m³。

5. 采用先进成熟的控制系统

该技术成功引进消化吸收了 DCS 和 SIS 仪表控制系统，在实现气化炉的启停和投料一键启动的同时，优化了系统顺控、联锁、仪表保护功能，使仪表系统更加精练、可靠与完善。尽管项目一次投资略高，但是生产运行成本低，维护工作量大大减少。

6. 装置互备率高，有效降低气化炉停车风险

低压煤粉输送、黑水闪蒸处理、公用工程配置均进行了互备，有效避免了因个别设备、阀门等故障造成的气化炉停车风险。

四、工艺流程

神宁炉干粉煤气化技术工艺流程如图 3-34 所示。

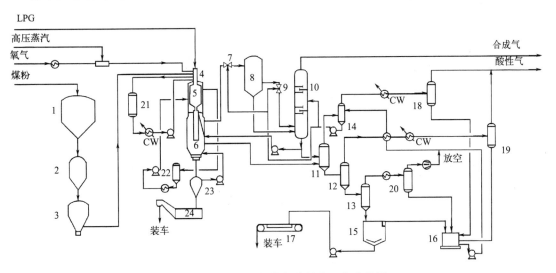

图 3-34　神宁炉干粉煤气化技术工艺流程图

1—粉煤仓；2—煤锁斗；3—发料罐；4—组合式烧嘴；5—燃烧室；6—激冷室；7——级文丘里洗涤器；8—气液分离器；
9—二级文丘里洗涤器；10—洗涤塔；11—闪蒸塔；12—中压闪蒸罐；13—真空闪蒸；14—减湿器；15—沉降槽；
16—循环水罐；17—真空过滤机；18～20—闪蒸气液分离罐；21—烧嘴冷却水罐；
22—水冷壁循环水罐；23—渣锁斗；24—捞渣机

粉煤输送和气化：高压煤粉通过 2 个交替运行的锁斗送入高压煤粉发料罐，通过密相气力输送系统，将煤粉送入顶置强旋转动量传导组合式烧嘴，进入气化炉燃烧室；在燃烧室中发生部分氧化反应，产生高温合成气和液态渣。高温合成气和液态渣并流下行进入激冷室，经水浴激冷后进行合成气和固态渣分离，大部分灰渣沉降至激冷室底部，通过渣锁斗减压外排，少量细灰随合成气进入合成气洗涤单元。

合成气洗涤：含尘合成气和高压循环水通过一级文丘里洗涤器充分润湿后，进入气液分离器，分离后的合成气经洗涤塔深度处理后，进入下游装置。

黑水处理：从激冷室底部和洗涤塔底部排出的黑水经减压后送至闪蒸系统。黑水经过三级闪蒸后进行分离，分离得到的酸性气体送至界外进行处理，三级闪蒸气体冷却后的凝液进入循环水罐回用。黑水处理系统进行固液分离，大部分澄清水作为合成气洗涤系统的回用水，少量废水外排以保证系统的离子平衡。

课后习题

1. 神宁炉烧嘴三合一在线火焰监测系统：一种在小视窗条件下对气化炉的燃烧进行实时监控，能提供火焰的_____、_____和_____。

2. 神宁炉组合烧嘴煤粉投运时，可以将点火烧嘴氧气通道中通入一定比例的_____，以降低氧气比例，使点火烧嘴头部火焰着火点推离端面。

3. 简述当前主流气化技术在发展中遇到的一些瓶颈问题。

单元 8   气化技术分析及选择

通过前面对 Shell 气化技术、AP 水煤浆气化技术与 GSP 气化技术、HT-L 和神宁炉技术分析后，我们对几种气化技术的核心设备、技术特点、技术优缺点、各自适用情况、工业业绩，以及主流气化技术的发展趋势都有了一定的认识。

本单元我们将从三种技术中选择一种，与另外两种气化技术对比，分析其技术优势和劣势，从而加深理解主流气化技术的发展方向、关注的技术问题。

 课前预习

1. 不同类型气流床气化技术的优缺点比较。

项目		优点	缺点
进料方式	干煤粉		
	水煤浆		

续表

项目		优点	缺点
烧嘴个数	四烧嘴		
	单烧嘴		
衬里形式	耐火砖		
	水冷壁		

2. 分析报告。

（内容涵盖：产业发展趋势、技术指标、技术特征、煤种适应性、工业业绩、环保、经济性、风险性等）

选择：＿＿＿＿＿＿＿气化技术（AP 水煤浆＼Shell＼GSP）

该技术的主要优势分析：

＿＿＿＿＿＿＿＿＿＿＿＿＿＿＿＿＿＿＿＿＿＿＿＿＿＿＿＿＿＿＿＿＿＿

＿＿＿＿＿＿＿＿＿＿＿＿＿＿＿＿＿＿＿＿＿＿＿＿＿＿＿＿＿＿＿＿＿＿

＿＿＿＿＿＿＿＿＿＿＿＿＿＿＿＿＿＿＿＿＿＿＿＿＿＿＿＿＿＿＿＿＿＿

＿＿＿＿＿＿＿＿＿＿＿＿＿＿＿＿＿＿＿＿＿＿＿＿＿＿＿＿＿＿＿＿＿＿

该技术的主要劣势或风险分析：

＿＿＿＿＿＿＿＿＿＿＿＿＿＿＿＿＿＿＿＿＿＿＿＿＿＿＿＿＿＿＿＿＿＿

＿＿＿＿＿＿＿＿＿＿＿＿＿＿＿＿＿＿＿＿＿＿＿＿＿＿＿＿＿＿＿＿＿＿

＿＿＿＿＿＿＿＿＿＿＿＿＿＿＿＿＿＿＿＿＿＿＿＿＿＿＿＿＿＿＿＿＿＿

该技术国内主要业绩（列举公司名称、项目主要产品。如较多，可简要列举几个，然后进行说明）：

＿＿＿＿＿＿＿＿＿＿＿＿＿＿＿＿＿＿＿＿＿＿＿＿＿＿＿＿＿＿＿＿＿＿

＿＿＿＿＿＿＿＿＿＿＿＿＿＿＿＿＿＿＿＿＿＿＿＿＿＿＿＿＿＿＿＿＿＿

与该技术类似、具有竞争优势的国内自主知识产权的技术（列举1～2个，说明相似点）：

＿＿＿＿＿＿＿＿＿＿＿＿＿＿＿＿＿＿＿＿＿＿＿＿＿＿＿＿＿＿＿＿＿＿

＿＿＿＿＿＿＿＿＿＿＿＿＿＿＿＿＿＿＿＿＿＿＿＿＿＿＿＿＿＿＿＿＿＿

📁 知识准备

我国石油和天然气资源匮乏，而煤炭资源丰富，煤炭是我国战略上最安全和最可靠的能源，在我国能源结构中煤炭占主导地位。煤气化技术是煤炭能源转化的基础性技术，气化技术的选择和利用也关系到煤炭资源的科学合理利用，关乎煤化工的发展。新建煤化工项目在选择煤气化技术时有多方面的考量，包括产品需求、煤种适应性、技术成熟度、技术指标、成本和消耗等方面。

选择合适的气流床煤气化技术，要从产业用途、技术成熟程度（运行的可靠性）、投资、项目建设周期、专利商的工程支持能力、运行与维护成本等多方面考虑，综合对比分析。每种气化技术都有自己独特的特点，都有自身的产业适用范围，如何进行选择，下面提供一些资料，以供参考。

一、下游产品需求

煤气化技术的选择首先要考虑下游产品的需求。根据煤气化后所得产品用途不同，可采用适用于不同工业领域的不同的技术炉型。不同气化技术生产的原料气的压力、气体成分均有不同。目前气化产品主要用于发电、生产燃料气、生产甲醇、合成氨等，图 3-35 为不同用途的合成气的要求。

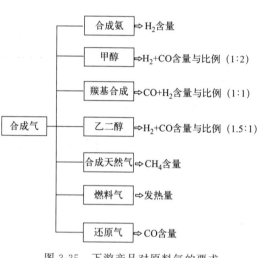

图 3-35　下游产品对原料气的要求

二、煤种适应性

煤变质程度、结构和组成之间的差异，会直接影响煤炭气化过程工艺条件的选择，也会影响煤炭气化的结果及气化工艺的配置。

我国煤炭资源种类齐全，从褐煤到无烟煤各个煤化阶段的煤都有，但各种类的煤数量不均衡，地区之间差别很大。不同煤种的组成和性质相差非常大，即使是同一煤种，成煤的条件不同，性质也存在差异。气化反应过程与煤的性质有着非常密切的关系。煤的气化过程在工艺上有着多种多样的选择，对一种特定的气化方法，往往对煤的性质有特定的要求。

目前干煤粉气流床煤气化方法对煤种有广泛的适应性，它几乎可以气化从无烟煤到褐煤的各种煤。水煤浆气流床煤气化方法可以气化气煤、烟煤、次烟煤、无烟煤、高硫煤以及低灰熔点的劣质煤、石油焦等，但气化褐煤时宜选择干煤粉气流床煤气化方法。

三、气化指标

评价煤气化技术好坏的重要方面就是工艺指标，指标优越的煤气化技术才能给企业带来良好的经济效益和节能环保效益。通常选择合适的煤气化技术依据的主要工艺指标包括：比氧耗、比煤耗、产气率、有效气组成及含量、碳转化率、冷煤气效率等。

四、投资与消耗

选择煤气化技术时企业会根据自身实际情况，综合考虑投资，设备、仪表、阀门等的国产化程度，以及专利技术转让费和服务费，这些投资会影响企业的经济效益，同等规模气化系统投资，Shell 法大于 GSP 法，GSP 法大于 AP 水煤浆法，其比例约为＝1.8∶1.2∶1。其中专利技术转让费和服务费方面应充分考虑国内自主知识产权气化技术。

消耗评价指标是指每生产标准立方米（$CO+H_2$）对原材料水、电、汽等的消耗。消耗低的煤气化技术对提高单炉生产能力和气化效率、降低成本都有重要意义。

五、"三废"处理

煤中含有部分无机矿物质，以及在加工利用的过程中，存在残渣、废水、废气的排放。在国家煤炭洁净利用的政策下，目前先进的煤气化技术均是高温加压纯氧气化，碳转化率高，这些排放物应相对较少或容易处理。

六、技术可靠性

选择成熟可靠的技术可以降低风险，减少不确定的损失。气化技术能否长周期稳定运行是十分重要的。煤气化技术通常在煤化工产业中处于龙头位置，其稳定性决定了全系统装置能否长周期、安全稳定地运行。如果煤气化装置不能长周期运转或者年运转率较低，将会造成巨大的损失。

气流床湿法水煤浆进料加压气化技术在我国已有约三十年的运行经验，国内已培养出大批掌握该技术的企业及技术人员，因此该气化技术的成熟可靠性好。引进的气流床干法加压气化技术成熟可靠性相对不足，缺乏实际运行和指导经验。

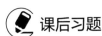 课后习题

一、基本知识

1. 连线

   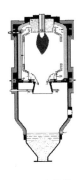

A. GE激冷炉   B. 多喷嘴水煤浆炉   C. GSP气化炉   D. Shell气化炉

2. 上题图中气化炉为多烧嘴的有：＿＿＿＿＿＿＿＿；水冷壁炉有：＿＿＿＿＿＿＿＿；激冷型气化炉有＿＿＿＿＿＿＿＿；水煤浆进料的有：＿＿＿＿＿＿＿＿。

3. 填写下图 AP 水煤浆三通道烧嘴所进物料及部位名称和 Shell 气化炉水冷壁结构部位名称。

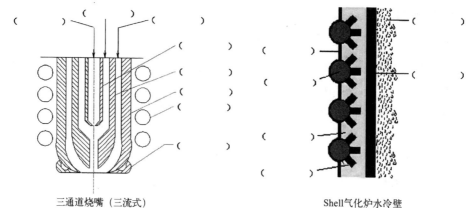

三通道烧嘴（三流式）　　　　　　　　　　Shell气化炉水冷壁

4. AP 水煤浆、Shell 和 GSP 气化技术中气化压力最高的是 ＿＿＿＿＿＿＿；耗氧量最高的是 ＿＿＿＿＿＿＿；设备国产化程度最高的是 ＿＿＿＿＿＿＿；开车运行经验最丰富的是 ＿＿＿＿＿＿＿；开车灵活性最好的是：＿＿＿＿＿＿＿；气化炉衬里使用寿命最长的是 ＿＿＿＿＿＿＿；原料要求相对受限的是 ＿＿＿＿＿＿＿。

二、思考与分析

通过这个阶段的学习，对三种气化技术已经有了一定的认识，对在选择气化技术时应该考虑的问题也有了一定的了解，下面请对气化技术应考虑的因素进行排序：

①＿＿＿＿＿＿；②＿＿＿＿＿＿；③＿＿＿＿＿＿；④＿＿＿＿＿＿。（大型化潜力、技术指标、下游产品需求、煤种适应性、工业业绩、环保、投资与消耗、风险性、产业用途、成熟度）

模块四

分析及绘制水煤浆气化技术装置流程

 学习目标

本模块将选择一种水煤浆加压气流床气化技术作为学习案例，将识读、分析及绘制水煤浆气化装置的完整工艺流程，通过大型水煤浆气化装置工艺流程的识读、分析及绘制，掌握此类技术装置流程的单元组成，掌握各子单元的工艺原理、设备、流程，同时培养技术、指标、经济成本、安全、环保、质量等方面的意识。

➡️ 学习导入

本模块我们选择的是水煤浆气化技术（AP水煤浆即GE气化技术）作为分析装置流程的案例技术，分析绘制完整气化装置流程。水煤浆气化技术（AP水煤浆）流程图为带控制点气化装置完整工艺线路流程图。其子单元包括煤浆制备、气化和洗涤、渣锁斗系统、黑水处理和烧嘴冷却水等。

单元1 分析及绘制煤浆制备系统工艺流程

本单元以煤浆制备系统工艺流程图为学习资料，流程图包括现场装置流程图和DCS流程图。

 课前预习

1. 分析并简述煤浆制备系统装置流程图（见附录）。

2. 绘制煤浆制备系统物料流图（标注下列设备的名称，补全主辅物料线路）。

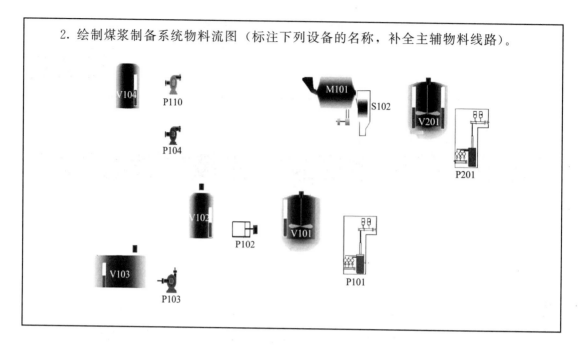

📁 知识准备

一、装置图中标注介绍

我们需要对带控制点的流程图（DCS 图）图样中设备、管路、阀门、仪表等标注有所了解。

1. 设备名称、位号

每一台设备名称、位号是唯一的，具体如下：

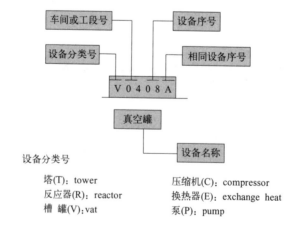

设备分类号

塔(T)：tower   压缩机(C)：compressor
反应器(R)：reactor   换热器(E)：exchange heat
槽 罐(V)：vat   泵(P)：pump

2. 仪表标注

仪表号：系统中，每个仪表都有仪表号。组成包括字母代号组合＋阿拉伯数字。

被测参量：温度 T（temperature）；压力 P（pressure）；流量 F（flow）；密度 D（density）；黏度 V（viscosity）。如表 4-1 所示。

表 4-1 仪表检测参量代号

序号	参量	代号	序号	参量	代号	序号	参量	代号
1	温度	T	7	重量	W	13	湿度	ϕ
2	温差	ΔT	8	转速	N	14	厚度	δ
3	压力(或真空室)	P	9	浓度	C	15	频率	f
4	压差	ΔP	10	氢离子浓度	pH	16	热量	Q
5	流量	F	11	密度	ρ			
6	液位(料位)	L	12	分析	A			

功能代号：指示 I (indicate)；控制 C (control)；记录 R (record)；报警 A (alarm)；传送 T (transmitter)；开关 S (switch)；灯 L (lamp)。如表 4-2 所示。仪表控制回路表示方法与执行机构图示见图 4-1。

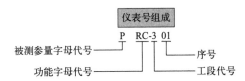

表 4-2 仪表功能代号

序号	功能	代号	序号	功能	代号
1	指示	I	5	报警	A
2	记录	R	6	传送	T
3	调节	C	7	联锁	Z
4	计算	Q	8	取样	P

(a) 仪表控制回路的表示方法   (b) 执行机构图示

图 4-1 仪表控制回路表示方法与执行机构图示

3. 图纸续接标志

如图 4-2 所示，图中管线与其他图纸中管线相连时，将该管线的端点引到图纸的左或右边缘，在空心箭头内标出物料流向图纸的图号（序号）。在箭头前或后标注相连设备位号或管线号。

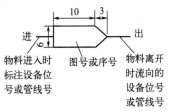

图 4-2 图纸续接标志

二、煤浆制备原理及影响因素

水煤浆加压气化法的生产过程是将原料煤制成可以流动的水煤浆，用泵加压后喷入气化炉内。

1. 高浓度水煤浆影响因素

主原料水煤浆浓度的高低，直接影响到气化装置的消耗（主要是氧耗和煤耗），进而影响到合成气及后续产品的成本。对于同一种煤种，煤浆浓度每降低 0.5%，每 $1m^3$ 合成气的氧耗约增加 $0.005m^3$，煤耗也将相应增加约 $0.005kg$，要制成高性能、高浓度的水煤浆，单靠细煤粉与水简单混合是无法实现的。

制高浓度水煤浆的措施：煤的成浆性能与多种因素有关。经过研究发现，煤的形成年代越短，煤的内在水含量越高，煤的可磨指数越低，制浆的难度越大，越不易制取高浓度的水煤浆。同时，合理的煤粒级配、优质的添加剂也有助于提高煤浆浓度。所以制浆的关键在于煤的性质及添加剂的选取。

煤浆浓度：一般要求煤浆浓度控制在 $60\%\sim65\%$ 范围内（AP 水煤浆气化用的水煤浆浓度较低，一般在 $55\%\sim65\%$ 之间，浓度太高不利于泵的运输，对泵内件磨损也较大），煤浆浓度越高，生产单位有效气的比氧耗与比煤耗越低，冷煤气效率越高。这是因为煤浆浓度愈高，进入气化炉燃烧室的水分愈少，这部分水分需要由液态（温度约 $40\sim60℃$）在气化炉中变成 $1300\sim1400℃$ 的水蒸气参与气化反应，此过程所需要的热量来自气化反应，这就需要消耗一定量的氧气和有效气体（CO、H_2），从而造成比氧耗上升，并使出气化反应室的总有效气含量降低，二氧化碳含量升高，有效气产量降低。

在实际生产中，主要利用添加剂提高水煤浆的成浆浓度，同时降低煤浆的黏度，提高其流动性。不同的添加剂，往往对水煤浆的成浆浓度有着较大的影响，同时其自身的价格也相差很大。对于高浓度水煤浆，最为重要的是低黏度和良好的稳定性、流动性。然而，煤炭属疏水性物质，又是颗粒悬浮体，即使易制浆煤种也具有相互紧密堆积的特性，无化学添加剂不可能制成希望的高浓度水煤浆。

添加剂的主要作用在于改变煤颗粒的表面性质，促使颗粒在水中分散，使浆体有良好的流变特性和稳定性（增加煤粒的亲水性，使煤粒表面形成一层水膜，从而容易引起相对运动），提高煤浆的流动性。此外，还要借助添加剂调节煤浆的酸碱度，消除有害因素（如气泡、有害成分等）。根据作用不同，可将添加剂分为分散剂、稳定剂和助剂（助剂如消泡剂、pH 调整剂、防霉剂、表面改性剂及促进剂等）三大类，其中前两种最为重要，必不可少。

（1）分散剂

分散剂是最重要的添加剂，其主要作用是改变煤表面的亲水性，降低煤/水界面张力，使煤粒充分润湿和均匀分散在少量水中。主要有：磺酸盐、萘磺酸盐、磺化腐植酸盐、磺化木质素及石油磺酸盐及磺化沥青、聚氧乙烯链或再配以少许磺酸基等。

（2）稳定剂

稳定剂的作用是使煤颗粒稳定悬浮在水中，不发生硬沉淀。主要有：可溶性盐类、高分子表面活性剂、纤维素、聚丙烯酸盐等。

如某企业水煤浆技术指标（执行标准 GB/T 18855—2014）：灰分≤10%；平均粒度

$<50\mu m$；煤浆粒度分布为<14目100%、<20目98%、<40目90%、<120目60%、<200目50%、<320目$25\%\sim35\%$，从气化速度、反应活性方面粒度细小是有利于气化的，但是煤浆过细，煤浆黏度会大大增加，给泵输送造成困难；浓度$65\%\pm1\%$；灰熔点$>1250℃$，水煤浆低位发热量$18.5\sim19.5MJ/kg$；表面黏度（1.2 ± 0.2）$Pa\cdot s$；流变特性，具有屈服应力，为假塑性流体，并且具有触变性；稳定性，静止存放三个月不发生硬沉淀。

有些企业根据煤质不同需要添加助熔剂，煤质灰熔点高则添加助熔剂，助熔剂一般使用石灰石。水煤浆 pH 值一般控制在 $7\sim9$。将水煤浆 pH 值调节成碱性有两方面的原因：一是 pH 值小于 7 则水煤浆呈酸性，会对设备及管线造成腐蚀，但 pH 值过大，系统管道容易结垢；二是加碱可起到辅助调节煤浆黏度的作用，制浆添加的添加剂需要在一定的 pH 值下才能发挥作用，一般加入浓度 40% 的 NaOH 调节 pH 值，也有加氨水的，但因其易挥发不稳定，很少采用。

2. 制浆原理

制备高浓度水煤浆工艺要根据原料煤的磨矿特性和水煤浆产品质量要求，采用分级研磨的方法能够使煤浆获得较宽的粒度分布，从而明显提高煤浆中煤颗粒的堆积效率，进而提高煤浆的质量浓度。

从界区外的煤预处理工段来的碎煤加入料斗中，料斗中的煤经过煤称重给料机送入粗磨机（球磨机）。来自废浆槽的水通过磨机给水泵和细磨机给水泵送入粗磨机和细磨机前稀释搅拌桶。所用冲洗水直接来自生产水总管。

添加剂从添加剂槽中通过添加剂泵送到粗磨机中。在粗磨机上装有控制水煤浆 pH 值和调节水煤浆黏度的添加剂管线。经过细浆制备系统后的细浆通过泵计量输送至粗磨机。

破碎后的煤、细浆、添加剂与水按照设定的量一同加入粗磨机入口，经过粗磨机磨矿制备后为水煤浆产品，然后进入设在磨机出口的滚筒筛，滤去较大的颗粒，筛下的水煤浆进入磨机出料槽，由搅拌槽自流入高剪切处理桶，经过剪切处理后的煤浆质量得到较大提高。高剪切后的大部分煤浆泵送至煤浆储存槽，供后续气化用；少部分煤浆泵送至细磨机粗浆槽，并加入一定比例的水进行稀释搅拌，配制成一定浓度的煤浆，然后由泵送至细磨机进行磨矿，细磨机磨制后的煤浆自流入旋振筛，除去大颗粒后的细浆用泵送入粗磨机。制浆单元的水煤浆制备工艺采用分级研磨法通过粗、细磨机制备气化水煤浆。

三、水煤浆制备流程简述

由煤储运系统来的小于 6mm 的碎煤进入煤仓（V101）后，经带式称重给料器（W101A）称量送入磨煤机（M101）。粉末状的添加剂由人工送至添加剂地下池（V103）中溶解成一定浓度的水溶液，由添加剂地下池储料泵（P103）送至添加剂槽（V102）中储存，并由添加剂给料泵（P102）送至磨煤机（M101）中。

添加剂槽（V102）可以储存若干天的添加剂供使用。在添加剂槽（V102）底部设有蒸汽盘管，在冬季维持添加剂温度在 $20\sim30℃$，以防止冻结。废水、冷凝液和灰水送入磨机集水槽（V104），用灰水来控制磨机集水槽液位，不能维持时，才用新鲜水来补充。

工艺水由磨煤机给水泵（P104）加压经磨机给水阀 FV1004 控制送至磨煤机（M101）。煤、工艺水和添加剂一同送入磨煤机（M101）中研磨成一定粒度分布的浓度约为 53.4%（北京东方仿真德式古仿真软件操作中的要求）的合格水煤浆。水煤浆经滚筒筛（S102）滤去 3mm 以上的大颗粒后溢流至磨煤机出料槽（V101）中，由磨煤机出料槽泵（P101）送至煤浆槽（V201）。磨煤机出料槽（V101）和煤浆槽（V201）均设有搅拌器（M102A、M201A），使煤浆始终处于均匀悬浮状态。

 **课后习题**

一、制作工艺卡

煤浆制备单元工艺卡

1. 原料质量指标			
名称	项目	单位	指标
原料煤	灰分	%	
	灰熔点	℃	
	低位发热量	MJ/kg	
	平均粒度	μm	
2. 成品质量指标			
名称	项目	单位	指标
煤浆	浓度	%	
	黏度	Pa·s	
	pH	—	
粒度分布	<14 目	%	
	<20 目	%	
	<40 目	%	
	<120 目	%	
	<200 目	%	
	<320 目	%	

二、基本知识

1. 水煤浆添加剂按用途主要有＿＿＿＿＿、＿＿＿＿＿＿和助剂。

2. 灰熔点过高，常用的助熔剂为＿＿＿＿＿。煤浆 pH 值一般用＿＿＿＿＿调节，一般控制在＿＿＿＿＿。

三、思考与分析

1. 请分析煤浆浓度高的原因并提供处理方法。

2. 试分析冲洗水泵提供的冲洗水的作用有哪些？

3. 煤浆管线设置冲洗水阀的作用是什么？

4. 试分析煤浆管线配管有何特殊要求？

单元 2　分析及绘制气化和洗涤系统工艺流程

本单元以气化和洗涤系统工艺流程图为学习资料，流程图包括现场装置流程图和 DCS 流程图。

 课前预习

1. 分析并简述气化和洗涤系统装置流程图（见附录）。
2. 绘制气化洗涤系统物料流程图（①标注下列设备的名称；②补全主辅物料线路；③添加气化炉液位、洗涤塔液位、气化炉激冷水流量、气化炉和洗涤塔压力四处的控制方案）。

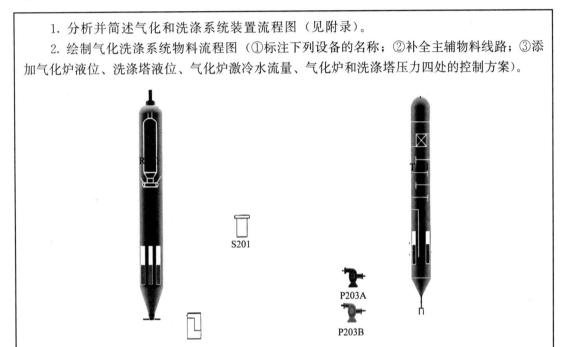

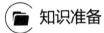 知识准备

一、气化反应情况及影响因素

1. 气化炉的反应情况

即煤或石油焦等固体碳氢化合物以水煤浆（或水焦浆）的形式与氧气一起通过烧嘴进入气化炉内，氧气高速喷出与料浆并流混合雾化，在压力 4.0MPa、温度 1200～1300℃的条件下进行火焰型非催化部分氧化反应的过程。最终生成以 CO、H_2 为主要成分的粗煤气（或称合成气、工艺气），灰渣以液态排出。

2. 水煤浆加压气化的影响因素

（1）煤质的影响

煤质的影响参见前文煤浆制备的相关内容。

（2）水煤浆浓度的影响

水煤浆的浓度及成浆性能，对气化效率、煤气质量、原料消耗、煤浆的输送及雾化等都有很大的影响。如果水煤浆浓度太低，则进入气化炉的水分增加，水分在蒸发时要消耗大量的热量，为了维持炉温，势必要增加氧量，比氧耗增加，有效气体成分 $CO+H_2$ 的含量和气化效率都会降低。

（3）氧煤比

氧煤比是指氧气和水煤浆的体积比，它是气化炉操作的重要参数。

氧煤比增加，将有较多的煤发生燃烧反应，放热量增大，气化炉温度升高，为吸热的气化反应提供更多的热量，对气化反应有利。因此，碳转化率、冷煤气效率及产气率上升，CO_2 和比氧耗、比煤耗下降。但氧煤比有个适宜值，超过此值后随着氧煤比的进一步增加，碳转化率增加得不大，反而由于过量的氧气进入气化炉，而致使气化产品气被烧掉，导致 CO_2 的增加，使冷煤气效率、产气率下降，比氧耗、比煤耗上升。因此，一般认为氧/碳原子比在 1.0 左右比较合适，生产氧煤比（氧气体积与煤浆体积比）的正常值约为 $450\sim600$。

（4）反应温度的影响

反应温度即气化炉的炉温。碳的燃烧反应所释放出的反应热，供给甲烷、碳与水蒸气、CO_2 的气化反应所需要的热量。反应温度是由氧煤比决定的，因此，它对气化反应的影响和氧煤比相同。

另外，反应温度升高，灰的黏度下降，流动速度加快，将会增加熔渣对耐火砖的冲刷和熔蚀，缩短耐火砖的使用寿命，甚至烧坏耐火衬里。因此，在保证液态排渣的前提下，尽量维持较低的气化炉操作温度。炉温的控制应使熔融灰具有较适中的黏度，使熔渣流速不致过快而增加对耐火砖的冲刷，同时又使系统能顺利排渣。

（5）助熔剂的影响

AP 水煤浆气化是在灰熔点以上操作，灰熔点高，则操作温度就会相应提高，氧气消耗量也会增大，同时对耐火材料的要求更加严格。为了降低灰熔点，可以采用添加助熔剂的办法，助熔剂有 CaO、$Ca(OH)_2$、铁渣等，这些助熔剂都可以使 $(SiO_2+Al_2O_3)/(CaO+MgO+Fe_2O_3)$ 的比值下降，达到降低灰熔点的目的。一般采用 CaO 作为助熔剂，需注意氧化钙的添加量过多，灰渣中的正硅酸钙（熔点 2130℃）生成量将增加，反而使灰熔点升高。助熔剂的添加量应根据不同煤种进行确定。

（6）反应压力的影响

气化反应是体积增大的反应，提高压力对化学平衡不利。但生产中普遍采用加压操作，主要原因：加压气化增加了反应物浓度，加快了反应速度，提高了气化效率；加压气化有利于提高水煤浆的雾化质量；设备体积减小，单炉产气量增大，便于实现大型化；加压气化可以降低压缩功耗。

3. 气化炉系统流程简介

来自煤浆槽（V201）浓度为 53.4％的水煤浆，由高压煤浆泵（P201）加压，投料前经煤浆循环阀（XXV2001A）循环至煤浆槽（V201）。投料后经煤浆切断阀（XXV2002A、XXV2003A）送至主烧嘴的内环隙。

空分装置送来的纯度为 99.6％的氧气，由 FV2007A 控制氧气压力为 5.5～5.8MPa，在准备投料前打开氧气手动阀，由氧气调节阀（FV2007A）控制氧气流量（FIA2007A），经氧气放空阀（XXV2007A）送至氧气消声器（N201A）放空。投料后由氧气调节阀（FV2007A）控制氧气流量，经氧气上、下游切断阀（XXV2005A、XXV2006A）分别送入主烧嘴的中心管、外环隙。水煤浆和氧气在工艺烧嘴（Z201）中充分混合雾化后进入气化炉（R201）的燃烧室中，在约 4.0MPa、1200℃ 条件下进行气化反应，生成以 CO 和 H_2 为有效成分的粗煤气。粗煤气和熔融态灰渣一起向下，经过均匀分布激冷水的激冷环沿下降管进入激冷室的水浴中。大部分熔渣经冷却固化后，落入激冷室底部。粗煤气从下降管和导气管的环隙上升，出激冷室去洗涤塔（T201），一般出激冷室的温度控制在 220℃ 左右。在激冷室合成气出口处设有工艺冷凝液冲洗，以防止灰渣在出口管累积堵塞。由冷凝液冲洗水调节阀（FV2022A）控制冲洗水量为 $23m^3/h$。

激冷水经激冷水过滤器（S201A/B）滤去可能堵塞激冷环的大颗粒，送入位于下降管上部的激冷环。激冷水呈螺旋状沿下降管壁流下进入激冷室。激冷室底部黑水，经黑水排放阀（FV2014A）送入黑水处理系统，激冷室液位控制在 60%～65%。在开车期间，黑水经黑水开工排放阀（LV2001A）排向沉降槽（V309）。在气化炉预热期间，激冷室出口气体由开工抽引器（J201A）排入大气。开工抽引器底部通入低压蒸汽，通过调节预热烧嘴风门和抽引蒸汽量来控制气化炉的真空度，气化炉配备了预热烧嘴（Z201）。

二、合成气洗涤系统流程分析

1. 洗涤塔

洗涤系统是将气化炉激冷室过来的合成气进一步洗涤和冷却，除去细灰以及合成气中较易溶于水的酸性气体，以达到气体进一步净化的目的。

如图 4-3 所示，气液混合物进入洗涤塔，沿下降管进入塔底的水浴中。合成气向上穿过水层，大部分固体颗粒沉降到塔底部与合成气分离。上升的合成气沿下降管和导气管的环隙向上穿过四块冲击式塔板，与冷凝液逆向接触，洗涤掉剩余的固体颗粒。合成气在洗涤塔顶部经过丝网除沫器，除去夹带在气体中的雾沫，然后离开洗涤塔。

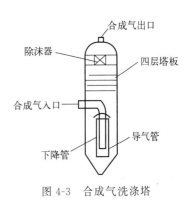

图 4-3 合成气洗涤塔

2. 合成气洗涤系统流程简介

从激冷室出来的粗煤气与激冷水泵（P203A/B）送出的激冷水充分混合，使粗煤气夹带的固体颗粒完全润湿，以便在洗涤塔（T201）内能快速除去。水蒸气和粗煤气的混合物进入洗涤塔（T201），沿下降管进入塔底的水浴中。合成气向上穿过水层，与冷凝液循环泵（P401A）送来的冷凝液逆向接触，洗掉剩余的固体颗粒，之后合成气离开洗涤塔（T201）进入变换工序。

粗煤气水气比控制在 1.4～1.6 之间，温度 216℃ 左右，含尘量小于 $1mg/m^3$。在洗涤塔（T201）出口管线上设有在线分析仪，分析合成气中 CH_4、O_2、CO、CO_2、H_2 等含量。CO、CO_2、H_2、CH_4 含量大约控制在 43%～47%、17%～20%、33%～36%、（500～1000）$\times 10^{-6}$。

在开车期间，粗煤气经背压前阀（HV2002A）和背压阀（PV2013A）排放至开工火炬来控制系统压力（PIRCA2013A）在 3.8MPa 左右。火炬管线连续通入 LN 使其保持微正压。当洗涤塔（T201）出口粗煤气压力、温度正常后，经压力平衡阀（即 HV2004A 的旁路阀）使气化工序和变换工序压力平衡，缓慢打开粗煤气手动控制阀（HV2004A）向变换工序送粗煤气。

洗涤塔（T201）底部黑水经黑水排放阀（FV2011A）排入高压闪蒸罐（D301）处理。除氧器（D305）的灰水由高压灰水泵（P304A）加压后进入洗涤塔（T201），由洗涤塔的液位控制阀（LV2008A）控制洗涤塔的液位（LICA2008A）在 60％。工艺冷凝液缓冲罐（D406）的冷凝液由工艺冷凝液循环泵（P401A）加压后经洗涤塔补水控制阀（FV2017A）控制塔板上补水流量。另外，当工艺冷凝液缓冲罐液位（LICA4017）高时，由洗涤塔塔板下补水阀（FV2016A）来降低工艺冷凝液缓冲罐的液位（LICA4017）。当除氧器的液位（LIC3008）低时，由除氧器的补水阀（LV3008）来补充工业水（PW2），用除氧器压力调节阀（PV3005）控制低压蒸汽量，从而控制除氧器的压力（PIC3005）。从洗涤塔（T201）中下部抽取的灰水，由激冷水泵（P203A/B）加压作为激冷水和进入洗涤塔（T201）的洗涤水。

 **课后习题**

一、气化炉单元

1. 基本知识

（1）一般采用 CaO 作为助熔剂，但如果氧化钙的添加量过多，灰渣中的_____生成量将增加，反而使灰熔点_____。

（2）空分装置送来的氧气分两路进入 AP 水煤浆烧嘴：一路直接进入烧嘴_____，另一路进入烧嘴_____。

（3）激冷水经_____滤去可能堵塞激冷环的大颗粒，送入位于下降管上部的_____。

（4）氧煤比增加，气化炉温度_____，冷煤气效率_____，但氧煤比进一步增加，过量的氧气进入气化炉，使冷煤气效率和产气率_____。

（5）AP 水煤浆气化氧气通过烧嘴高速喷出与料浆并流混合雾化，在压力_____MPa、温度_____的条件下进行火焰型非催化部分氧化反应的过程。

2. 请制作气化炉单元工艺卡

气化炉单元工艺卡

1. 原料质量指标			
名称	项目	单位	指标
氧气	纯度	％	
	压力	MPa	
煤浆	浓度	％	
2. 工艺参数指标			
名称	项目	单位	指标
燃烧室	反应温度	℃	
	反应压力	MPa	

3. 成品质量指标				
名称	项目		单位	指标
工艺气	合成气组成	CO	%	
		H_2	%	
		CO_2	%	
		CH_4	%	
	水气比		—	
	含尘量		mg/m^3	
	温度		℃	
	压力		MPa	

3. 思考与分析

(1) 在气化炉系统的工艺流程图中高压氮气的作用有哪些?

(2) 气化炉与哪些位置的压差需要重点监测? 原因是什么?

二、合成气洗涤单元

1. 基本知识

(1) 合成气在洗涤塔顶部经过_____, 除去夹带在气体中的雾沫, 然后离开洗涤塔进入_____工序。

(2) 洗涤塔底部黑水排入_____处理。_____的灰水由高压灰水泵加压后进入洗涤塔, 控制洗涤塔的液位在 60%。

2. 思考与分析

(1) 下图中洗涤塔出来的合成气为什么设计两条管线, 一个去往火炬, 另一个去往变换?

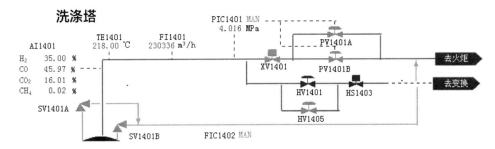

(2) 试解释什么是黑水?

单元 3　分析及绘制锁斗系统工艺流程

本单元以锁斗系统工艺流程图为学习资料, 流程图包括现场装置流程图和 DCS 流程图。

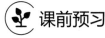 课前预习

1. 分析并简述锁斗系统装置流程图 (见附录)。

2. 绘制锁斗系统物料流程图（①标注下列设备的名称；②补全主辅物料线路；③添加冲洗水槽液位控制方案）。

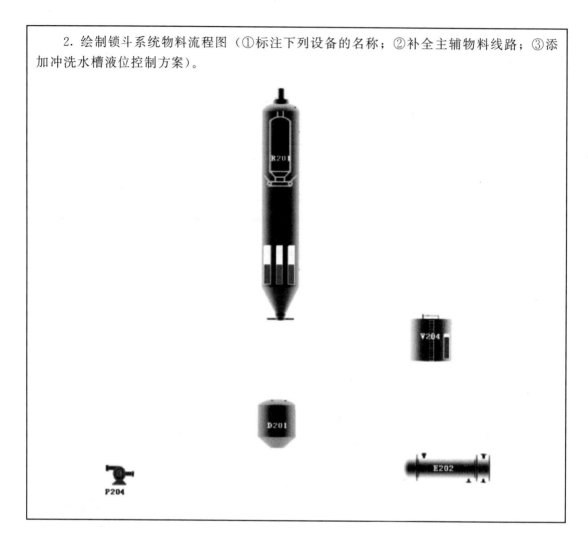

📁 知识准备

一、锁斗系统基本知识

锁斗包括煤锁斗和渣锁斗，水煤浆气化技术只有渣锁斗。渣锁斗是一个定期收集和排放固体渣的水封体系，集渣和排渣均遵照锁斗循环逻辑，并按一定时序完成。

锁斗的循环时间是指在一个循环周期中完成全部步骤所需的时间。通常循环时间约为30min（也可以根据具体情况设定），其中收渣的时间为28min，排渣的时间约为2min，如循环时间超时则锁斗系统会发出报警。一个循环可分为五个阶段：泄压、清洗、排渣、充压、收渣。

收渣时间是指激冷室下面的两个锁斗阀开着的时间。通常，收渣时间为28min，但仪表可在5～45min之间进行调节。排渣时间是指锁斗排渣阀（XV2010A）开始打开和关闭之间的时间。冲洗水罐液位低将关闭锁斗冲洗水阀（XV2014A）。

锁斗程序中每个阀门的行程必须达到其终点位置，锁斗循环才能继续进行。如果所要求的阀门行程没有到位，则锁斗循环停止，并发出报警。一旦循环停止，报警会指示故障原因。每个锁斗阀都在 DCS 上显示其所处的状态，即开启或关闭。

二、锁斗系统流程分析

激冷室底部的渣和水，在收渣阶段经锁斗收渣阀（XXV2008A）、锁斗安全阀（XXV2009A）进入锁斗（D201）。锁斗安全阀（XXV2009A）处于常开状态，仅当由激冷室液位低（LI2002/03/04A）引起气化炉停车时，锁斗安全阀（XXV2009A）才关闭。锁斗循环泵（P204A、P204B）从锁斗顶部抽取相对洁净的水送至激冷室底部，帮助将渣冲入锁斗。

泄压：锁斗程序启动后，锁斗泄压阀（XV2015A）打开，开始泄压，锁斗内压力泄至渣池（V310）。

清洗：泄压后，泄压管线清洗阀（XV2016A）打开清洗泄压管线，清洗时间到后清洗阀（XV2016A）关闭。

排渣：锁斗冲洗水阀（XV2014A）和锁斗排渣阀（XV2010A）及泄压管线清洗阀（XV2016A）打开，开始排渣。当冲洗水罐液位（LICA2007A）低时，锁斗排渣阀（XV2010A）、泄压管线清洗阀（XV2016A）和冲洗水阀（XV2014A）关闭。

充压：锁斗排渣阀（XV2010A）关 5min 后，渣池溢流阀（XV3001A）、（XV3002A）打开。锁斗充压阀（XV2013A）打开，用高压灰水泵（P304A）来的灰水开始为锁斗进行充压。

收渣：当气化炉与锁斗压差（PDI2021A）小于 180kPa 时，锁斗收渣阀（XXV2008A）打开，锁斗充压阀（XV2013A）关闭，锁斗循环泵进口阀（XV2011A）打开，锁斗循环泵循环阀（XV2012A）关闭，锁斗开始收渣，收渣计时器开始计时。

为了有利于渣的收集，锁斗循环泵 P204 将锁斗上部的黑水抽出加压后循环回气化炉激冷室，作为锁斗循环水，使激冷室中的黑水在向下流动的过程中将渣带入锁斗。在锁斗排渣期间，锁斗循环泵自身打循环，渣池中的渣由捞渣机捞出装车外送。

循环泄压：当收渣时间到和冲洗水罐液位（LICA2007A）高时，锁斗循环泵循环阀（XV2012A）打开，锁斗循环泵进口阀（XV2011A）关闭，锁斗循环泵（P204A、P204B）自循环。锁斗收渣阀（XXV2008A）关闭，渣池溢流阀（XV3001A、XV3002A）关闭，锁斗泄压阀（XV2015A）打开，锁斗重新进入泄压步骤。如此循环。

从灰水槽（V301）来的灰水，由低压灰水泵（P302）加压后经锁斗冲洗水冷却器（E202）冷却后，送入锁斗冲洗水罐（V204）作为锁斗排渣时的冲洗水，多余部分经废水冷却器（E304）冷却后送入污水处理工序。锁斗排出的渣水排入渣池（V310），较澄清的渣水溢流至清水池，渣水由渣池泵（P310）送入真空闪蒸罐 D303，粗渣经沉降分离后，由抓斗起重机（L301）抓入干渣槽分离掉水后由灰车送出界区。

📝 课后习题

一、基本知识

1. 锁斗排出的渣水排入_____，较澄清的渣水溢流至_____，并由渣池泵（P310）将含细渣的水送入真空闪蒸罐。

2. 锁斗循环分为_____、_____、_____、_____、_____五个阶段，由锁斗程序自

动控制。循环时间一般为 30min，也可以根据具体情况设定。

3. 收渣时为了有利于渣的收集，锁斗循环泵 P204 将锁斗上部的黑水抽出加压后循环回_____。

4. 锁斗泄压时，锁斗程序启动后，锁斗泄压阀_____，开始泄压，锁斗内压力泄至_____。

5. 锁斗排渣时，锁斗_____阀和_____阀及_____阀打开，开始排渣。

6. 锁斗充压时，锁斗充压阀打开，用_____来的灰水开始为锁斗进行充压。

二、思考与分析

1. 锁斗安全阀（XXV2009A）的作用是什么？

2. 锁斗收渣阀（XXV2008A）和锁斗安全阀（XXV2009A）二者是否可互换使用？

单元 4　分析及绘制黑水处理系统工艺流程

本单元以黑水处理系统工艺流程图为学习资料，流程图包括现场装置流程图和 DCS 流程图。

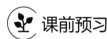 **课前预习**

1. 分析并简述黑水处理系统装置流程图（见附录）。

2. 绘制黑水处理系统物料流程图（①标注下列设备的名称；②补全主辅物料线路；③添加高压闪蒸罐顶部、真空闪蒸罐顶部、除氧器顶部三处压力的控制方案）。

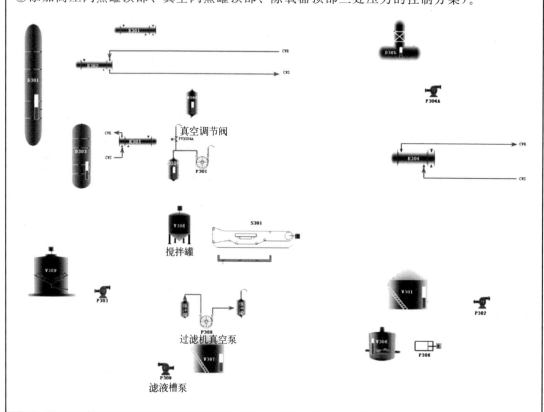

📁 **知识准备**

气化炉和洗涤塔的黑水要经过闪蒸、沉降、过滤三道工序，将黑水中细小固体浓缩，同时将灰水分离回收，基本过程如图 4-4 所示。

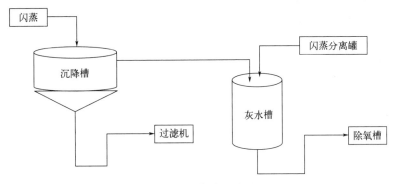

图 4-4 黑水处理过程

一、闪蒸原理及作用

1. 闪蒸原理

气化炉和洗涤塔的高压黑水中溶解有大量的酸性气体，黑水含固量较高，需要处理，当黑水经过高压闪蒸角阀后，由于其阀后压力突然降低，各组分在气相中的分压迅速降低，水沸点降低，在一定温度下，黑水大量气化，溶解在水中的酸性气体和大量蒸汽逸出水面，即闪蒸。

气液两相在分离器中分开，气相为顶部产物，其中易挥发组分较为富集；液相为底部产物，其中的难挥发组分被增浓。通过高、低压闪蒸增浓后的黑水再进入真空闪蒸，黑水中大量的酸性气体在负压状态下逸出水面进入气相而被脱除，同时，含固黑水得到进一步增浓。

2. 闪蒸作用

闪蒸是常见的黑水处理的方法，主要作用是降低黑水温度、浓缩黑水中含固量、解析少量酸性气体及回收热量。闪蒸后大量溶解在水中的酸性气体随着水蒸气逸出水面，闪蒸出的气体通过冷凝降温，将水蒸气冷凝成凝液，不能冷凝下来的气体为一些酸性的不凝气。一般工艺上设计二级或三级闪蒸，通过逐级减压至真空，来达到逐步降低黑水温度、逐步浓缩黑水中含固量及解析酸性气体的目的。

二、沉降分离原理及作用

1. 原理

颗粒在沉降槽中的沉降大致可分为两个阶段。在加料口以下一段距离内，颗粒浓度很低，颗粒大致做自由沉降。在沉降槽下部，颗粒浓度逐渐增大，颗粒在沉降槽搅拌器的作用下做干扰沉降，沉降速度很慢，在沉降槽中加入絮凝剂可以加速沉降。

絮凝剂是能够使分散微粒凝聚、絮凝成聚集体而除去的一类物质。絮凝剂在黑水处理中作为强化固液分离的手段。

水中胶体颗粒微小、表面水化和带电使其具有稳定性，絮凝剂投加到水中后水解成带电胶体与其周围的离子组成双电层结构的胶团。采用投药后快速搅拌的方式，促进水中杂质颗粒与絮凝剂水解成的胶团之间的碰撞机会和次数。水中的杂质颗粒在絮凝剂的作用下首先失去稳定性，然后相互凝聚成尺寸较大的颗粒，再在分离设施中沉淀分离。

按照化学成分，絮凝剂可分为无机絮凝剂、有机絮凝剂以及微生物絮凝剂三大类。无机絮凝剂包括铝盐、铁盐及其聚合物。有机絮凝剂按照聚合单体带电基团的电荷性质，可分为阴离子型、阳离子型、非离子型、两性型等几种；按其来源又可分为人工合成和天然高分子两大类。在实际应用中，往往根据无机絮凝剂和有机絮凝剂性质的不同，把它们加以复合，制成无机/有机复合型絮凝剂。

2. 作用

主要用于从黑水中分离出较干净的灰水和含固量高的灰浆。沉降槽中设置缓慢转动的沉降槽搅拌器，将沉淀的细渣推至沉降槽底部出口。沉降槽底部的细渣及水经沉降槽底流泵送去细渣水过滤。

三、真空抽滤原理及作用

1. 工作原理

环形橡胶带由电机经减速拖动连续运行，滤布铺覆在胶带上与之同步运行。橡胶带与真空室滑动接触（真空室与胶带间有环形摩擦带并通入水形成水密封），当真空室接通真空系统时，在橡胶带上形成真空抽滤区；料浆由布料器均匀地布在滤布上，在真空的作用下，滤液穿过滤布经橡胶带上的横沟槽汇总并由小孔进入真空室，固体颗粒被截留而形成滤饼，进入真空室的液体经气水分离器排出；随着橡胶带移动已形成的滤饼依次进入滤饼洗涤区、吸干区；最后滤布与橡胶带分开，在卸滤饼辊处将滤饼卸出；卸除滤饼的滤布经清洗后获得再生；再经过一组支承辊和纠偏装置后重新进入过滤区。

2. 作用

对沉降槽沉降分离出的细渣进行水渣分离，回收抽滤液。

四、工艺水除氧原理

水中溶解氧会推动电化学腐蚀的进行，会使后续工段的设备产生严重的氧腐蚀，其腐蚀特征是溃疡性腐蚀，金属遭受腐蚀后，在其表面生成许多大小不等的鼓包，鼓包表面为黄褐色和砖红色等，主要成分为各种形态的氧化铁，次层为黑色粉末四氧化三铁，清除腐蚀产物后是腐蚀坑。因此，给水在进入系统前必须进行除氧处理。

热力除氧技术的原理是根据气体溶解定律（亨利定律），任何气体在水中的溶解度与在气/水界面上的气体分压力及水温有关，温度越高，水蒸气的分压越高，而其他气体的分压则越低，当水温升高至沸腾时，其他气体的分压为零，则溶解在水中的其他气体也就等于零，采用热力除氧的方法，即用蒸汽来加热灰水，提高水的温度，使水面上水蒸气的分压逐步升高，而溶解气体的分压逐渐降低，则溶解在水中的气体就会不断逸出。

当水被加热到相应压力下的沸腾温度时，水面上全部是蒸汽，溶解气体的分压为零，这样溶解在水中的氧气即可全部被除去。同时通过控制气相压力来控制水温，达到除氧目的。

五、黑水处理系统流程简介

来自气化炉激冷室（R201）和洗涤塔（T201）的黑水分别经减压阀（PV3001A1/2、PV3002A1/2）减压后进入高压闪蒸罐（D301），由高压闪蒸压力调节阀（PV3003 A）控制高压闪蒸系统压力在 0.5MPa。黑水经闪蒸后，一部分水被闪蒸为蒸汽，少量溶解在黑水中的粗煤气解析出来，同时黑水被浓缩，温度降低。从高压闪蒸罐（D301）顶部出来的闪蒸气经灰水加热器（E301）与高压灰水泵（P304A）送来的灰水换热冷却后，再经高压闪蒸冷凝器（E302）冷凝进入高压闪蒸分离罐（D302），分离出的不凝气送至火炬，冷凝液经液位调节阀（LV3004A）进入除氧器（D305）循环使用。

高压闪蒸罐（D301）底部出来的黑水经液位调节阀（LV3002A）减压后，进入真空闪蒸罐（D303）在 −0.05MPa 下进一步闪蒸，浓缩的黑水自流入沉降槽（V309）。真空闪蒸罐（D303）顶部出来的闪蒸气经真空闪蒸罐顶冷凝器（E303）冷凝后进入真空闪蒸罐顶分离器（D304），冷凝液进入灰水槽（V301）循环使用，顶部出来的闪蒸气用闪蒸真空泵（P301）抽取，在保持真空度后排入大气，液体自流入灰水槽（V301）循环使用。

从真空闪蒸罐（D303）底部自流入沉降槽（V309）的黑水，为了加速在沉降槽（V309）中的沉降速度，在黑水流入沉降槽（V309）处加入絮凝剂。粉末状的絮凝剂加入PW2 溶解后储存在阳离子絮凝剂槽（V303）、阴离子絮凝剂槽（V305）中，由阳离子絮凝剂泵（P305A）和阴离子絮凝剂泵（P307A）送入混合器和黑水充分混合后进入沉降槽（V309）。沉降槽（V309）沉降下来的细渣由沉降槽耙灰器（M301）刮入底部，经沉降槽底泵（P303）经搅拌罐送入带式真空过滤机（S301），上部的澄清水溢流到灰水槽（V301）循环使用。液态分散剂储存在分散剂槽（V306）中，由分散剂泵（P306）加压并调节适当流量加入低压灰水泵进口，防止管道及设备结垢。

课后习题

一、基本知识

1. 高压闪蒸罐的压力为＿＿＿＿＿＿，真空闪蒸罐的压力为＿＿＿＿＿＿。

2. 来自＿＿＿＿＿和＿＿＿＿＿的黑水分别经减压阀减压后进入＿＿＿＿＿。

3. 为了加速黑水在沉降槽中的沉降速度，在流入沉降槽处加入＿＿＿＿＿。

4. 高低压闪蒸的作用是＿＿＿＿＿＿＿＿＿＿＿＿＿＿＿＿＿＿＿＿＿。

二、思考与分析

1. 黑水和灰水是一个概念吗？如何理解？

2. 真空闪蒸系统真空度高了或者低了有何影响？

单元 5　分析及绘制辅助系统工艺流程

本单元以烧嘴冷却水系统工艺流程图和烘炉系统工艺流程图为学习资料，流程图包括现场装置流程图和 DCS 流程图。

🌱 课前预习

1. 分析并简述烧嘴冷却水系统、烘炉系统装置流程图（见附录）。

2. 绘制烧嘴冷却水物料流程图（①标注下列设备的名称；②补全主辅物料线路；③添加必要的参数检测点和控制点）。

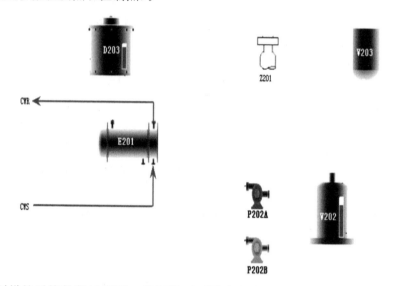

3. 绘制烘炉系统物料流程图（①标注下列设备的名称；②补全主辅物料线路；③添加必要的参数检测点和控制点）。

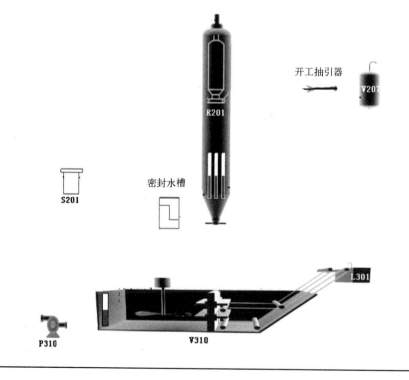

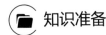 **知识准备**

一、烧嘴冷却水系统工艺流程分析

水煤浆气化炉烧嘴（Z201）受高温辐射，在1200℃的高温下工作，为了保护烧嘴，延长使用寿命，需要在烧嘴上设置冷却水盘管和头部水夹套，防止高温损坏烧嘴，因此形成了烧嘴的冷却水强制循环系统。

脱盐水（DNW）经烧嘴冷却水槽（V202）的液位调节阀（LV2012）控制烧嘴冷却水槽的液位（LICA2012）为80%，烧嘴冷却水槽的水经烧嘴冷却水泵（P202A）加压后，送至烧嘴冷却水冷却器（E201）用循环水冷却后，去烧嘴。烧嘴冷却水压力比气化炉压力低。

烧嘴冷却水经烧嘴冷却水进口切断阀（XXV2018A）送入烧嘴冷却水盘管，出烧嘴冷却水盘管的冷却水经出口切断阀（XXV02019A）进入烧嘴冷却水分离罐（V203）。分离掉气体后的冷却水靠重力流入烧嘴冷却水槽（V202）。

烧嘴冷却水出烧嘴后，进入分离罐（V203），分离冷却水中的气体，此处通入低压氮气（LPN），作为CO分析的载气，由放空管排入大气。在放空管上安装CO监测器（AIRA2012A），通过监测CO含量来判断烧嘴是否被烧穿，正常CO含量为$0mL/m^3$，超过此值，即意味着烧嘴烧穿，工艺气体从烧嘴窜入冷却水系统泄漏。

烧嘴冷却水系统设置了一套单独的联锁系统，在判断烧嘴头部水夹套和冷却水盘管泄漏的情况下，气化炉应立即停车，以保护烧嘴不受损坏。

烧嘴冷却水系统对防止烧嘴因过热而损坏起着至关重要的作用，因此烧嘴冷却水泵（P202A/B）设置了自启动功能，通常以烧嘴冷却水总管的压力信号来作为备泵自启动的条件。当出口压力（PIA2030）低则备用泵自启动。如果备用泵启动后仍不能满足要求，则事故冷却水槽（D203）的事故阀（XV2017）打开向烧嘴提供烧嘴冷却水。烧嘴事故冷却水槽要设置在烧嘴的高点，需要充低压氮气以保证其压力、备用。

二、烘炉原理及流程分析

1. 开工抽引器的原理和作用

开工抽引器又叫蒸汽喷射器，在煤气化领域有着广泛的应用，并在气化炉烘炉、停炉、检修等操作中发挥重要作用。气化炉烘炉时将空气经烧嘴抽入炉内提供可燃气，气化炉停炉或检修时作为强制通风，便于更换工艺烧嘴或控制气化炉降温速度。气化炉用开工抽引器一般使用1.0～1.5MPa的低压蒸汽作为抽气介质来获得真空，蒸汽温度180～198℃。

开工抽引器的工作原理跟所有文丘里的原理一样，靠产生压力降来抽负压，其实开工抽引器就是一根变径管，中间细，两头粗，抽引管垂直接在一头，由蒸汽快速通过开工抽引器，形成一个负压，这样带动抽引管内气体流动。

开工抽引器由蒸汽喷嘴、缩径管、混合室及扩大管组成，如图4-5所示。中压蒸汽经喷嘴喷出，把静压能转化为动能，在扩大腔内产生负压，将烟气吸入。吸入的烟气与蒸汽混合后进入扩大管，速度逐渐降低，而压力随之增加，动能转化为静压能，最后从出口排出。

该抽引器还用来抽吸预热烧嘴装置中的烟气。抽引器从气化炉、热回收部分和文丘里管吸出热气，并存入开工抽引分离器中，送到安全地点排入大气，防止热烟气向烧嘴或热电偶

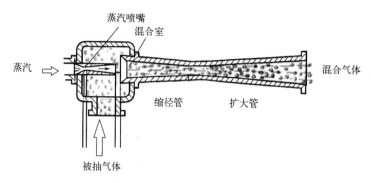

图 4-5　开工抽引器结构示意图

法兰盘处倒流。在更换烧嘴和预热期间，启动抽引器可为气化炉和热回收部分产生流动气源，同合成洗涤器的出口管连接，并在正常运行时由切断阀和眼镜式盲板同工艺设备隔断。它的蒸汽用于产生必要的真空条件。排放物进入开工抽引分离器后进行燃料气和冷凝液的分离。燃料气在安全地点排入大气以免让残留的蒸汽和热水危及人身安全，冷凝液排入下水道。

2. 建立预热水循环的目的

耐火砖型气化炉投料前需要经过烘炉预热，预热气化炉期间需要气化炉建立预热水循环。建立预热水循环的主要目的是在烘炉过程中保护气化炉的下降管不被烧坏，循环水可以在下降管形成一层水膜，使其受到保护。

需要注意的是气化炉的预热水液位绝对不可以封堵下降管，因为这样会形成水封，气化炉的烟气无法被抽引器抽出，无法维持气化炉的真空度，也会造成烘炉回火。

3. 烘炉工艺流程

液化石油气和空气通过预热烧嘴进入气化炉内点火燃烧，按照厂家提供的烘炉曲线进行升温操作，一般升温到 800～1200℃，开工抽引器将烟气抽出，建立气化炉炉膛微负压，防止烟气倒流、熄火等，同时控制气化炉（R201）烘炉期间预热水的流量，以保护下降管，控制气化炉液位不能封堵下降管。气化炉（R201）预热水循环线路：从渣池（V310）引新鲜水通过渣池泵（P310），通过激冷水过滤器（S201）后进入气化炉（R201）激冷室，从激冷室流出经过密封水槽流回渣池（V310）。

 课后习题

一、基本知识

1. 烧嘴冷却水泵设置了_____功能，当出口压力低，则备用泵自启动。如果备用泵启动后仍还不能满足要求，则_____向烧嘴提供烧嘴冷却水。

2. AP 水煤浆烧嘴在 1200℃ 的高温下工作，为保护烧嘴，在烧嘴上设置了_____和_____，防止高温损坏烧嘴。

3. 烧嘴冷却水分离罐（V203）通入_____，作为 CO 分析的载气，由放空管排入大气。在放空管上安装_____，通过监测 CO 含量来判断烧嘴是否被烧穿，正常 CO 含量为_____，当 CO 含量超过此值时，监测仪会发出报警。

4. 开工抽引器由_____、_____、混合室及_____组成，使用 1.0～1.5MPa 的_____作

为抽气介质来获得真空。

  5. 气化炉烘炉期间建立气化炉预热水循环的目的是_____。

二、思考与分析

  1. 水煤浆气化工艺中，烧嘴事故水罐为什么要用低压氮气加压，而不直接用脱盐水充压？

  2. 为什么烧嘴冷却水系统压力比气化炉压力低？

  3. 气化炉烘炉回火如何处理？

模块五

分析及绘制干煤粉气化技术装置流程

 学习目标

本模块将选择一干煤粉加压气流床气化技术作为学习案例，将识读、分析及绘制干煤粉气化装置的完整工艺流程，通过大型干煤粉气化装置工艺流程的识读、分析及绘制，掌握此类技术装置流程的单元组成，掌握各子单元的工艺原理、设备、流程，同时培养技术、指标、经济成本、安全、环保、质量等方面的意识。

 学习导入

本模块选择 GSP 加压气化技术作为学习案例，分析完整干煤粉气化装置流程。其子单元包括磨煤及干燥、煤粉加压输送、气化、排渣、粗合成气洗涤和黑水处理等。

单元1　分析及绘制磨煤及干燥单元工艺流程

本单元以磨煤及干燥系统工艺流程图为学习资料，流程图为磨煤及干燥单元的物料流程图。

课前预习

1. 分析并简述磨煤及干燥系统装置流程（见附录）。

2. 绘制磨煤及干燥单元物料流程图（①标注下列设备的名称；②补全主辅物料线路）。

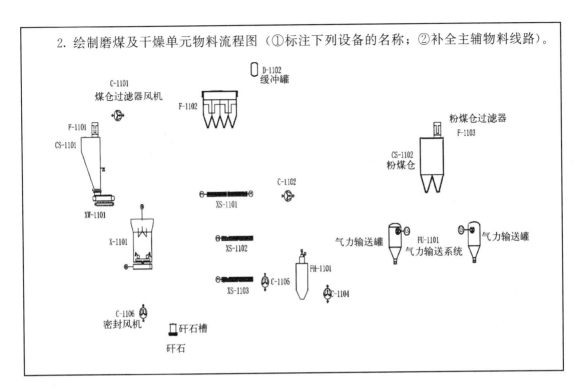

知识准备

一、 ZGM113系列磨煤机

ZGM113 系列磨煤机是一种中速辊盘式磨煤机，磨煤机主要由机座、机壳、分离器、碾磨装置、喷嘴及加载装置等组成（其配套件有电机、减速机、密封风机、自控系统）。其碾磨部分由转动的磨环和三个沿磨环滚动的固定且可自转的磨辊组成。需研磨的原煤从磨煤机的中央落煤管落到磨环上，旋转磨环借助于离心力将原煤运送至碾磨滚道上，通过磨辊进行碾磨，如图 5-1。三个磨辊沿圆周方向均布于磨盘滚道上，碾磨力由液压加载系统产生，通

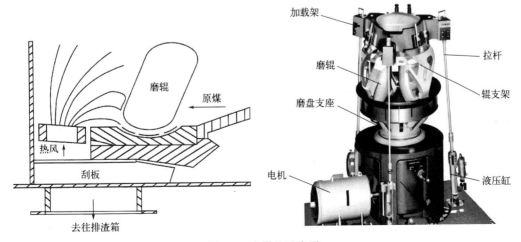

图 5-1 磨煤机示意图

过静定的三点系统，碾磨力均匀作用于三个磨辊上，碾磨力经磨环、磨辊、压架、拉杆、传动盘、减速机、液压缸后通过底板传至基础，原煤的碾磨和干燥同时进行，一次风通过喷嘴环均匀进入磨环周围，将经过碾磨从磨环上切向甩出的煤粉混合物烘干并输送至磨煤机上部的分离器中进行分离，粗粉被分离出来返回磨环重磨，合格的细粉被一次风带出分离器。

传动盘上对称装有两个刮板装置，随传动盘转动。通常通过密封风机对磨煤机传动盘（对于负压运行此处密封取消）、拉杆、旋转分离器（采用静态分离器时此处密封取消）和磨辊等处进行密封。

二、粉煤袋式过滤器

袋式过滤器是由上箱体（净气室）、中箱体（尘气室、缓冲装置）、下箱体（灰斗、支架）、清灰系统（喷吹装置）、过滤装置（滤袋、滤袋骨架）等部分组成，如图 5-2。

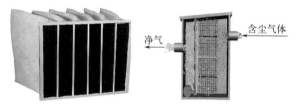

净气

含尘气体

图 5-2　袋式过滤器

工作工况：含尘气体从灰斗进风口进入装有滤袋的过滤室，粉尘被阻留在滤袋外面，干净气体透过滤袋，并经净气室、排风管、风机和排气筒排入大气。

清灰工况：当滤袋外壁的粉尘层逐渐增厚，则除尘器阻力随之增高，在达到设定的压力值或清灰时间后，则逐渐轮流进行脉冲喷吹清灰。清灰开始时，电磁控制阀打开脉冲阀，喷吹管与气包相通，减压氮气（$p=0.15\sim0.25\mathrm{MPa}$）经喷吹口喷向滤袋，在喷吹的瞬间（$0.065\sim0.085\mathrm{s}$）减压氮气的高速气流在其周围造成负压，形成引射作用，可从周围吸入约 $5\sim7$ 倍于减压氮气的气体，减压氮气和引射气流一道射入滤袋内部，由于喷射时滤袋发生全面抖动和由里向外的反吹气流作用，可有效地清除掉附着堆积在滤袋外表的粉尘，掉入灰斗中，如此完成全部滤袋的清灰过程。清灰完毕后，恢复正常过滤状态，同时进入周期间隔，如此循环反复进行，落入灰斗的粉尘由空气斜槽排出。

三、磨煤及干燥工艺流程简介

本系统由磨煤、惰性气体输送、粉煤过滤三部分组成，如图 5-3。

用皮带送来的小于 13mm 的碎煤储存在碎煤仓（CS-1101）中，煤与石灰石分别经过称重给煤机（XW-1101）计量后按设定的比例送至辊式磨煤机（X-1101）进行碾磨，在磨盘旋转引起的离心力作用下，进入中速磨的两个碾磨部件之间，原煤受到挤压和碾磨而被粉碎成粉煤。然后在离心力作用下粉煤被抛至磨盘外缘风环处，来自热风炉（FH-1101）的 $290\sim320℃$、氧含量低于 8.0% 的热惰性气体以一定速度通过风环向上进入干燥空间，对粉煤进行干燥和分级，较细粉煤被热风吹到碾磨区上部的旋转分离器中，大颗粒落回磨盘上或杂物舱。较细粉煤经过旋风分离，不合格的粗粉煤返回碾磨区重磨，合格的粉煤由热惰性气体带出磨机外，经管道送入粉煤收集器（F-1102）。

为防止粉煤进入磨辊轴、磨盘轴、拉杆及旋转分离器轴等处，磨煤机配套设置了密封氮气和密封空气系统。配套的密封风机用于磨煤机一些密封点的密封保护。

磨煤机配置有液压油系统，可以以变加载或定加载的方式对磨辊施加加载力。

在磨煤干燥的过程中，原煤中夹带的杂物（如石块、木块、金属块等）被抛至风环处

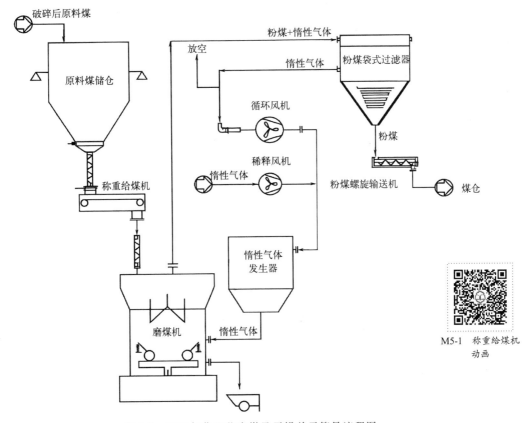

图 5-3　GSP 气化工艺磨煤及干燥单元简易流程图

后，由下而上的热惰性气体不足以阻止下落，经风环由刮板刮至杂物舱内，定期人工排出。含有粉煤的热气体进入粉煤收集器，经粉煤收集器（F-1102）中的滤袋过滤后，热气体由出风口经管道吸入循环风机（C-1102），吸附在滤袋外部的粉煤经氮气反吹脱落，下落到粉煤收集器下部的料斗内缓存。然后料斗内的粉煤经由出料口处的排粉旋转给料阀，由螺旋输送机（XS-1101、XS-1102 和 XS-1103）将粉煤输送至纤维过滤器过滤，合格粉煤流入粉煤仓 CS-1102，异物被排除。

　　与粉煤分离后的热气体通过管道送到循环风机（C-1102）加压后，大部分返回热风炉（FH-1101）中，约 30％排入大气（根据煤的湿含量平衡调节控制）。燃气热风炉的燃料为来自管网的燃料气，燃烧空气由燃烧空气风机（C-1104）提供。燃料气量与燃烧空气量经比例调节器调节后，分别经燃料气管道和燃烧空气管道送入热风炉（FH-1101），燃气热风炉的点火和初始开车阶段使用的燃料气为 LPG。燃料气进入热风炉喷嘴与空气在热风炉内燃烧产生热气体，与循环风机（C-1102）返回的循环气、稀释空气在热风炉中混合，用作磨煤干燥工序的干燥热风源。

　　气力输送系统采用正压密（浓）相脉冲输送方式，每条线设有两台发送罐，既能单罐发送，也可双罐交替发送。

　　气力输送介质为低压氮气，将干燥粉煤输送分配到气化装置粉煤仓中。

　　发送罐入口圆顶阀打开后粉煤在重力的作用下落入发送罐内。落料过程中排气阀打开，以使发送罐内的气体能够排出。当发送罐内料位信号出现高报或一段时间延时后，入口圆顶阀和排气阀都关闭，出口圆顶阀打开。当入口圆顶阀和排气阀都关闭并且密封后，输送气进入发送罐内将粉煤从发送罐输送至输送管道中，然后到气化装置的粉煤仓中。当输送压力下降，表明粉煤已输送到气化粉煤仓中后，输送气阀关闭，排气阀打开，输送结束。

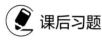 **课后习题**

一、基本知识

1. 磨煤及干燥系统由_____、_____、_____三部分组成。

2. 为防止煤粉进入磨辊轴、磨盘轴、拉杆及旋转分离器轴等处，磨煤机配套设置了_____和_____系统。

3. 来自_____的热惰性气体以一定速度通过风环进入磨机干燥空间，对粉煤进行干燥和分级。

4. 粉煤气力输送介质为_____，将干燥粉煤输送分配到气化装置粉煤仓中。

二、思考与分析

磨煤及干燥单元如何平衡系统循环惰性气体的水蒸气含量？

单元 2　分析及绘制粉煤加压输送单元工艺流程

本单元以 GSP 气化粉煤加压输送系统工艺流程图为学习资料，流程图为粉煤密相输送系统物料流程图，即煤锁斗系统的物料流程图。

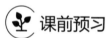 **课前预习**

1. 分析并简述粉煤加压输送系统装置流程（见附录）。

2. 绘制粉煤加压输送单元物料流程图（①标注下列设备的名称；②补全主辅物料线路）。

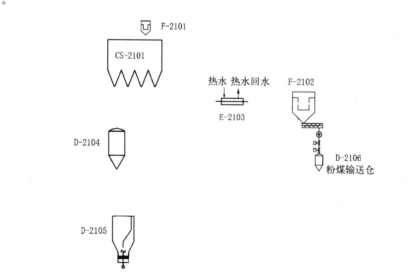

📁 知识准备

一、本系统任务简述

本系统主要实现将粉煤从常压的粉煤储罐送入粉煤锁斗，粉煤锁斗升压后又将粉煤送入高压的粉煤给料罐。粉煤锁斗交替进行降压进煤，升压送煤，从而保证粉煤给料罐压力在约4.7MPa（一般其压力应比气化炉压力高0.5～1.0MPa）下连续不断地将粉煤供应至粉煤烧嘴。

本系统利用低压容器和高压容器之间良好的密封隔离，通过隔离、充压、排放、泄压、重新给煤的自动控制程序来完成粉煤的输送和加压，从而达到工艺要求。粉煤锁斗（D-2104）以循环模式运行，典型的循环时间是30～45min。

粉煤流化及输送介质在开车时为高压氮气，正常生产后切换为高压二氧化碳。

二、粉煤加压输送单元工艺流程

粉煤加压输送单元的目的是通过四个锁斗的顺控循环，把煤仓里的常压粉煤升压至给料容器的操作压力（约4.7MPa），由给料容器通过三根粉煤输送管线，送至气化炉的组合烧嘴进行气化反应，同时根据工艺需要调整粉煤的流量，粉煤总量平均分配至每一根粉煤管线，粉煤的流量通过粉煤管线上的角阀进行控制，并由安全仪表系统对气化炉运行进行安全监控。

CMD（磨煤及干燥装置的简称）的粉煤，通过气力输送系统的两根输煤管线，以切线的角度进入气化装置粉煤仓 CS-2101 顶部中央的圆形进口。粉煤在圆形进口跟载气分离后，在重力作用下，均匀分配下降到粉煤仓四个锥形隔室。载气通过煤仓过滤器 F-2101 过滤粉煤后排入大气。

粉煤仓 CS-2101 位于气化装置粉煤输送系统的最高处，其四个隔室出口分别对应四个锁斗 D-2104。在锁斗的顺控程序里，当某个锁斗泄压后的压力跟煤仓压力一致时，粉煤仓的隔室将向该锁斗进行卸料。

从粉煤仓四个隔室下来的粉煤，分别进入相对应的锁斗后，将进行加压，以把粉煤仓下来的常压粉煤加压到给料容器生产所要求的操作压力。这一过程，将通过每一条气化生产线四个锁斗的顺控循环来进行，以实现给料容器向气化炉连续输送粉煤。

锁斗 D-2104 过来的泄压气体在 CO_2 管道加热器 E-2103 由约120～130℃的热水进行加热，以防止 CO_2 节流膨胀造成低温损坏设备。再通过减压过滤器 F-2102 进行除尘，并将锁斗的压力泄至常压。

锁斗的粉煤，通过与给料容器相连的卸料管线，进入给料容器 D-2105。通过跟气化炉燃烧室之间的压差控制，给料容器内呈流化状态的粉煤，通过三根粉煤输送管线密相输送至气化炉 R-3101 的组合烧嘴，进行气化反应。三根粉煤输送管线上布置有调节阀以及一系列密度检测、速度检测和安全联锁的仪表，确保气化反应平稳控制和安全运行。

缓冲罐内二氧化碳用于对四个锁斗 D-2104 间歇充压，保证各个锁斗在充压过程中短时间内大量用气时压力供应的稳定性。二氧化碳作为锁斗升压气体，分上下两路管线经调节阀控制流量后进入锁斗并按升压程序进行升压。每一个锁斗的升压时间约为6～8min。

课后习题

一、基本知识

1. 粉煤加压输送单元的目的是 _____ 。

2. 粉煤锁斗交替进行降压 _____ ，升压 _____ 。

3. 粉煤加压输送系统通过 _____ 、 _____ 、 _____ 、 _____ 、 _____ 的自动控制程序来完成粉煤的输送和加压。

二、思考与分析

1. 试分析粉煤输送介质用氮气和用二氧化碳有何差别？

2. 粉煤稳定输送直接影响气化炉的稳定运行，查阅资料，可通过哪些措施来保证粉煤长距离稳定输送。

单元 3　分析及绘制气化单元工艺流程

本单元以 GSP 气化技术的气化炉系统工艺流程图为学习资料，流程图为气化炉单元物料流程图。

课前预习

1. 分析并简述气化炉单元装置流程（见附录）。

2. 绘制气化炉单元物料流程图（①标注下列设备的名称；②补全主辅物料线路）。

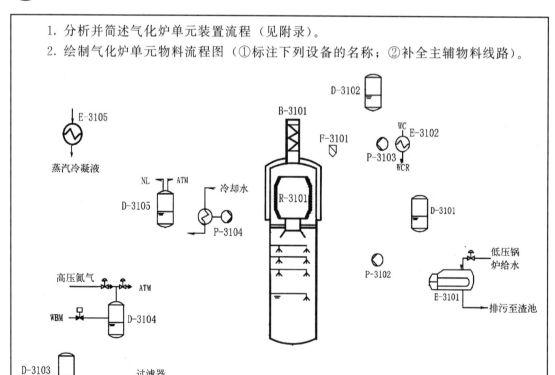

📁 知识准备

气化炉的构成包括三个组成部分：耐压壳体、燃烧室和激冷室。其中，气化炉燃烧室由四个部分组成：水冷壁、烧嘴支撑、排渣口和外部冷却夹套。激冷室由六个部分组成：导管，内壳，激冷水 A、B、C、D 环及其喷头，激冷室锥体，内部管道，水冷壁支撑板等。

气化单元主要包括组合烧嘴、气化炉、烧嘴冷却水系统、水冷壁冷却水系统、夹套冷却水系统以及激冷水系统。

高压蒸汽和来自空分装置的高压氧气在主烧嘴的氧气管线上混合后，送至气化炉燃烧室内，跟三根煤粉输送管线过来的煤粉，在气化炉上部的燃烧室（反应温度 1450～1650℃，压力 3.8MPa）进行部分氧化反应，产生富含 H_2、CO 和少量 CO_2、H_2S 的高温粗煤气，同时产生液态渣。粗煤气和液态渣经燃烧室下部的排渣口和导管进入气化炉的激冷室。在激冷室的导管出口处，被激冷水 A 环和 B 环共 12 个喷头出来的雾状激冷水洗涤、冷却（约200℃）。出激冷室的粗煤气通过折流板经四个喷头进一步除灰后，进入下游的两级文丘里洗涤器。激冷室底部的粗渣靠重力落入破渣机（X-4101）后进入渣锁斗（D-4102），通过锁斗顺控进行泄压和降温排放。黑水由激冷室下部的出口进入闪蒸系统。

一、烧嘴冷却水系统

组合烧嘴由点火烧嘴和主烧嘴组成。

在组合烧嘴里，主烧嘴位于点火烧嘴的外面，整个点火烧嘴套在主烧嘴里面。主烧嘴的内表面跟点火烧嘴的外表面形成的环状空间，构成了主烧嘴输氧的通道。输氧通道与其外面的环状输煤通道之间，是一个带有冷却水夹套的管壁。在输煤管道的外面，同样也是一个带有冷却水夹套的管壁。主烧嘴带有两个冷却水夹套，目的是防止气化炉燃烧室内的高温对主烧嘴外表面辐射。

三根煤粉输送管线在主烧嘴煤粉通道里的出口，均切线进入环状的煤粉通道，以确保煤粉的均匀分布。在主烧嘴的出口，氧气旋转离开主烧嘴出口，跟外面的煤粉充分接触进行气化反应。

烧嘴冷却水系统的主要设备包括烧嘴冷却水罐（D-3102）、烧嘴冷却水换热器（E-3102）、烧嘴冷却水泵（P-3103）和烧嘴冷却水过滤器（F-3101）。

烧嘴冷却水系统的主要任务是对组合烧嘴（B-3101）、气化炉支撑板进行冷却。

冷却水罐（D-3102）通过两条压力平衡管线分别与气化炉的激冷室以及鼓泡塔顶部气相管线连通，该压力平衡管线将冷却水罐与激冷室的压力保持一致。冷却水罐在气化框架的最高处，比组合烧嘴高出约 12m，以保证烧嘴冷却水比燃烧室的压力高出约 0.1MPa，避免被冷却设备管壁内外表面产生高压差，从而避免被冷却设备采用非常厚的管壁。另一个优点是，在被冷却设备发生泄漏时，烧嘴冷却水系统的水将漏向燃烧室，避免燃烧室里的高温粗煤气反向泄漏到烧嘴冷却水系统里而损坏设备。同时，压力平衡管线充当烧嘴冷却水系统升压、泄压和呼吸的作用。

在气化炉运行期间，烧嘴冷却水系统的液位通过中压锅炉给水管线上的球阀进行控制。液位低时，补充中压锅炉给水。冷却水罐（D-3102）的上部有一根至少 1m 高的竖管，竖管的顶部分别连接到高压氮气管线和压力平衡管线。目的是保证烧嘴冷却水罐的惰性环境和对压力平衡管线的连续吹扫。

冷却水泵（P-3103）在正常运行时一开一备。备用泵在备用时，必须打开进出口阀门，并处于"自动"状态。另外，烧嘴冷却水泵可以在现场启动，但是考虑到烧嘴冷却水系统对气化炉运行的重要性，气化炉运行期间，除去泵本身泄漏等非正常工况，烧嘴冷却水泵不能现场手动按停。只有当气化炉不运行或组合烧嘴停车且气化炉系统已经卸压，烧嘴冷却水泵才能现场手动按停。

烧嘴冷却水通过冷却水泵（P-3103）加压后，分成三路管线对气化炉里各个被冷却设备进行冷却。具体如下：烧嘴冷却水送至烧嘴冷却水过滤器（F-3101）过滤杂质。过滤器的底部是一根带有两个阀的排污管，以在过滤器检修或清洗前进行排污。烧嘴冷却水离开过滤器后分三路管线分别送往组合烧嘴三路冷却水系统，在进入组合烧嘴前，均有手动调节阀调节流量。同时，各设置有一个"锁开"的手动阀，以便拆卸组合烧嘴时进行隔离。

所有对组合烧嘴、支撑板进行冷却的冷却水，其回水都汇集到一根总管，送至烧嘴冷却水罐（D-3102），然后送至换热器（E-3102）和泵（P-3103）开始新一轮的冷却循环。

二、水冷壁冷却水系统

水冷壁冷却水系统的主要任务是对水冷壁、烧嘴支撑和排渣口进行冷却，同时回收热量，产生低压蒸汽。

水冷壁循环水泵（P-3102）出来的循环冷却水分成六路，分别送往燃烧室的四个冷却盘管、烧嘴支撑、排渣口。离开被冷却设备后温度介于 160～180℃之间的回水汇集到一根回水总管，送回冷却水罐（D-3101）。水冷壁循环水冷却器（E-3101）的低压锅炉给水跟回水换热后，产生低压蒸汽，送往氧气加热器（E-3105）和低压蒸汽管网。

冷却水罐（D-3101）的压力由高压氮气在罐体的上方维持，压力由压力调节阀进行分程控制，保持在约 4.8～4.9MPa。系统在运行中损失的水由中压锅炉给水通过球阀进行补充。

三、夹套冷却水系统

夹套冷却水系统包括燃烧室冷却夹套、夹套循环泵（P-3104）、夹套循环水罐（D-3105）和夹套冷却器（E-3103）。

夹套冷却水系统的主要任务是对气化炉上部承压外壳进行冷却，以避免过热。

冷却水泵把低压锅炉给水送至夹套进行换热，换热后回流至夹套循环水罐（D-3105），再经夹套冷却器（E-3103）冷却后，送回夹套循环泵（P-3104）进行循环冷却。整个系统在运行时处于常压状态。夹套是一个热交换器，用于对燃烧室外壳进行冷却。冷却夹套应定期进行排污，防止固体悬浮物长期累积造成结垢和堵塞。冷却夹套的回水温度需要监控，高温时报警，正常生产时若出现泄漏可停泵对漏点进行处理。

四、激冷水系统

激冷水系统由激冷水罐（D-3103），激冷水泵（P-3101），激冷水 A 环、B 环、C 环、D环及其喷头，裙座和事故激冷水罐（D-3104）等组成。

激冷水系统的主要任务：

① 在气化炉激冷室里，把燃烧室出来的高温粗煤气冷却至 200℃ 左右，并把部分激冷水蒸发成饱和蒸汽，随粗煤气进入下游工序。

② 在气化炉激冷室里，对燃烧室出来的高温粗煤气进行洗涤，把熔融状态的液态煤渣

迅速冷却和固化成细小的固体颗粒，并随激冷水从粗煤气中分离出来，沉降到激冷室底部。

③ 对气化炉激冷室的锥体环形空间、内壳、外壳及顶部支撑板进行连续冷却。

④ 在激冷水系统失效的情况下，通过事故激冷水罐（D-3104）向气化炉激冷室供水，对激冷室进行约 10min 的冷却。

激冷水罐（D-3103）出来的激冷水，温度约 200℃，经激冷水泵（P-3101A/B/C）加压至约 5.9MPa（泵出口），分五路进入气化炉激冷室，对燃烧室出来的高温粗煤气和激冷室设备本体进行冷却。第一、第二和第三路管线分别连接在气化炉激冷室外壳外面，呈环状，并通过一定数目的喷头接入激冷室内，对激冷室的上部空间进行喷水。这些环状水管，分别称为 A 环、B 环和 C 环。第四路激冷水管线送至激冷室粗煤气出口的上方，通过手动阀控制压差大于 0.8MPa，通过折流板的粗煤气经四个喷头进行逆向洗涤。

A 环和 B 环在激冷室内部各有 6 个喷头，在激冷室内呈环形布置。12 个喷头喷出的雾状水，在气化炉导管的出口处，对燃烧室出来的高温粗煤气和熔融的煤渣进行直接强化接触。高温粗煤气被冷却到 200℃左右，同时激冷水产生大量的饱和蒸汽。夹带饱和蒸汽的粗煤气在激冷室的粗煤气出口，经四个喷头逆向洗涤后（D 环），送往一级文丘里洗涤器和二级文丘里洗涤器。熔融的煤渣被冷却和洗涤，从粗煤气中分离出来，随激冷水在重力作用下，沉降到气化炉激冷室底部的渣水池中。渣水池里的渣水在重力的作用下，初步分离成含渣量低的黑水和含渣量高的渣水。黑水流到闪蒸罐（D-6101）进行闪蒸，渣水从激冷室底部进入破渣机（X-4101）和渣锁斗（D-4102）进行处理。

C 环共有 4 个喷头，在激冷室的顶部呈圆形布置。C 环的雾状激冷水对激冷室顶部的支撑板进行冷却，防止承载水冷壁重量的支撑板过热而损坏气化炉。

第五路激冷水管线，从激冷室的裙座进入，对激冷室的内壳和外壳之间的环状夹缝进行供水冷却，防止壳体过热。该路激冷水的出口位于内壳顶部与支撑板之间的开口，沿内壳的内表面均匀流下，保证内表面的湿润。

当激冷水总流量低，同时，水冷壁冷却水系统温差大或激冷水泵断电时，事故激冷水罐（D-3104）的两个出口阀将打开，对激冷水 A 环进行供水，冷却激冷室上方导管出口的高温粗煤气。A 环管线的流量控制阀的上游，有两个不同类型的止回阀，防止事故激冷水往 B 环和 C 环等方向逆流。事故激冷水罐的动力来自罐体内部的高压氮气。

激冷水来源包括：黑水处理单元处理过的高压循环水；从粗煤气分离罐（D-5103）溢流过来的气体冷凝液等。

 **课后习题**

一、基本知识

1. 水冷壁冷却水系统的工艺目的是对_____、烧嘴支撑和排渣口进行冷却，同时回收热量，产生低压蒸汽。

2. 事故激冷水罐的动力来自罐体内部的_____。

3. 夹套冷却水系统的工艺目的是对气化炉上部_____进行冷却，以避免过热。

4. 烧嘴冷却水系统的工艺目的是对_____和气化炉支撑板进行冷却。

5. 在激冷水系统失效的情况下，通过_____向气化炉激冷室的 A 环供水，对激冷室进行约 10min 的冷却。

二、思考与分析

为什么激冷水泵备用泵必须打开进出口阀门？

单元 4 分析及绘制排渣单元工艺流程

本单元以 GSP 气化技术的锁斗排渣系统工艺流程图为学习资料，流程图为渣锁斗单元物料流程图。

 课前预习

> 1. 分析并简述排渣单元装置流程（见附录）。
> 2. 绘制排渣单元物料流程图（①标注下列设备名称；②补全主辅物料线路）。
>
>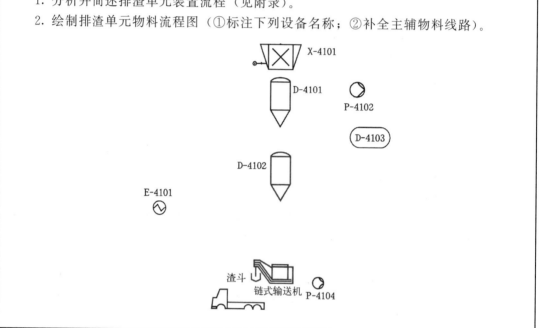

 知识准备

排渣系统的工艺任务是通过渣锁斗（D-4102）的顺控循环，把气化炉激冷室洗涤下来的粗渣，从高压系统排放到常压的外界环境，并在捞渣机内进行固液分离。

破渣机通过法兰直接连在激冷室底部出口，其转轴和破渣刀刃等内件，全部浸在激冷室底部的水池里。激冷水 A 环和 B 环上喷射出来的激冷水，对高温粗煤气进行冷却时，洗涤下来的煤渣颗粒直接沉降到激冷室底部水池。煤渣颗粒沉降到破渣机（X-4101）时，被破渣机上的刀刃破碎至直径约 0～50mm 的颗粒。

在渣锁斗（D-4102）的进料阶段，破碎后的煤渣颗粒在重力作用下直接沉降到渣锁斗，进行顺控循环以排往外界。在渣锁斗进料期间，渣水循环泵（P-4102）保持运转，把渣水从渣锁斗送回激冷室底部，使激冷室底部至渣锁斗之间的管道形成一股渣水流，防止管道堵塞。收渣 20～30min 后，锁斗进口管道上的球阀将关闭，渣锁斗开始按照顺控程序进行排渣。渣锁斗完成一个排渣循环需要约 30min。在渣锁斗的卸料阶段，激冷室底部沉降下来的煤渣颗粒收集在渣收集罐（D-4101）中。

捞渣机分离出来的渣水，收集到捞渣机的清水侧，通过渣水泵（P-4104）送到黑水处理单元进行处理。渣水由于压力下降至常压，溶解在其中的气体 H_2S、NH_3、CO 等会释放出来。同时在渣锁斗卸料的时候，捞渣机内的气体将通过渣锁斗的泄压管线被吸进渣锁斗。

课后习题

1. 在渣锁斗进料期间，_____保持运转，把渣水从渣锁斗送回_____底部，使激冷室底部至渣锁斗之间的管道形成一股渣水流，防止管道堵塞。

2. 煤渣颗粒沉降到破渣机 X-4101 时，被破渣机上的刀刃破碎至直径约_____的颗粒。

3. 排渣系统的工艺目的是通过渣锁斗顺控循环，把气化炉激冷室洗涤下来的粗渣，从_____系统排放到_____的外界环境，并在捞渣机内进行固液分离。

单元 5　分析及绘制粗合成气洗涤单元工艺流程

本单元以 GSP 气化技术的合成气洗涤系统工艺流程图为学习资料，流程图为粗合成气洗涤单元物料流程图。

课前预习

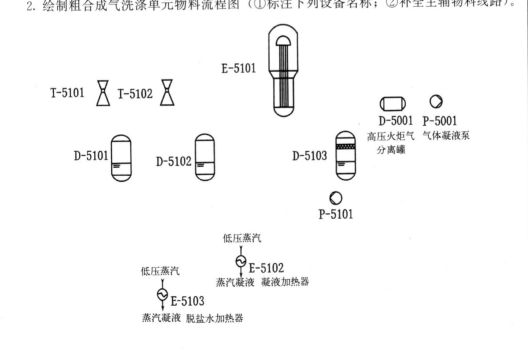

1. 分析并简述粗合成气洗涤单元装置流程（见附录）。
2. 绘制粗合成气洗涤单元物料流程图（①标注下列设备名称；②补全主辅物料线路）。

E-5101

T-5101　T-5102

D-5001　P-5001
高压火炬气　气体凝液泵
分离罐

D-5101　D-5102　D-5103

P-5101

低压蒸汽

E-5102
蒸汽凝液　凝液加热器

低压蒸汽

E-5103
蒸汽凝液　脱盐水加热器

📁 知识准备

一、文丘里洗涤冷却器

离开气化炉的煤气首先进入文丘里洗涤冷却器，在此洗涤、除尘。文丘里洗涤冷却器主要由文丘里管和后接的旋风分离器组成。文丘里管主要由进气管、收缩管、喷嘴、喉管、扩散管、连接管等组成，如图5-4所示。

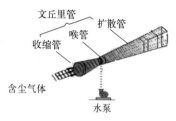

图5-4　文丘里洗涤冷却器

除尘过程：收缩管中，含尘气体由进气管进入收缩管后，流速逐渐增大，气流的压力能逐渐转变为动能。喉管中，在喉管入口处，气速达到最大，洗涤水通过沿喉管周边均匀分布的喷嘴进入，液滴被高速气流雾化和加速，与此同时，液滴与粉尘颗粒之间发生惯性碰撞，颗粒被捕集。扩散管中，气流速度减小，压力回升，使得以颗粒为凝结核的液滴凝聚迅速加快，形成直径较大的含尘液滴，有利于被除雾器捕集。

粗煤气在文丘里管润湿后进入旋风分离器，由于离心力的作用，水与湿润的尘粒被抛至分离器内壁上并向下流出器外，净化后的气体则由分离器的中央管排出，达到除尘和降温的目的。

二、粗合成气洗涤流程简述

气化炉激冷室出来的粗煤气进入一级文丘里洗涤器（T-5101）的喉部后流速最大。循环水泵（P-7003）送过来的洗涤水从文丘里管的喉管喷入，被高速粗煤气气流强烈撞击、雾化。粗煤气中的灰分和可溶性气体与雾化的液滴接触后，被润湿、沉降和溶解。进入文丘里洗涤器下游的一级文丘里分离罐（D-5101）后，被净化的粗煤气从罐顶离开进入二级文丘里洗涤器（T-5102）再次进行充分混合，由于气相和固相在文丘里洗涤器喉管处的速度不同，合成气中夹带的煤灰和其他杂质在二级文丘里分离罐（D-5102）中被除去。洗涤完毕后，二级文丘里洗涤器直接连接到下游的气液分离罐（D-5102）进行气液分离。溶有杂质的洗涤水从罐底出来，送往激冷水罐。合成气将进入部分冷凝器（E-5101）。

文丘里洗涤系统出来的粗煤气，从部分冷凝器（E-5101）顶部的管程进入，与壳程的低压锅炉给水进行换热，产生低压蒸汽。低压蒸汽经汽包（D-5104）送入低压蒸汽管网。换热后的粗煤气温度大约下降3～5℃。由于温度的下降，粗煤气中的部分饱和蒸汽将冷凝析出，对粗煤气夹带的微量煤灰进行洗涤。经过冷凝液洗涤的粗煤气，在部分冷凝器中与冷凝液进行初步的气液分离。冷凝液从底部管线进入激冷水罐（D-3103）。没有分离的冷凝液，随粗煤气进入原料气分离罐（D-5103）进行气液分离。气液分离后，粗煤气经原料气分离罐（D-5103）内部的六层塔盘的洗涤水进一步洗涤后，通过除沫器从（D-5103）顶部的出口管线送往下游变换单元。分离出来的冷凝液，收集在原料气分离罐（D-5103）的底部，由洗涤塔循环水泵（P-5101）送往激冷水罐（D-3103）作激冷水。

✏️ 课后习题

1. 文丘里管主要由_____、_____、_____、_____、_____、连接管等组成。

2. 文丘里洗涤冷却器主要由_____和后接的_____器组成。

3. 循环水泵（P-7003）送过来的洗涤水从文丘里管的_____喷入，被高速粗煤气气流强烈撞击、雾化。

4. 文丘里洗涤系统出来的粗煤气，从部分冷凝器（E-5101）顶部的_____进入，与_____的低压锅炉给水进行换热，产生低压蒸汽。

单元 6 分析及绘制黑水处理单元工艺流程

本单元以 GSP 气化技术的黑水处理系统工艺流程图为学习资料，流程图为黑水处理单元物料流程图。

课前预习

1. 分析并简述黑水处理单元装置流程（见附录）。
2. 绘制黑水处理单元物料流程图（①标注下列设备名称；②补全主辅物料线路）。

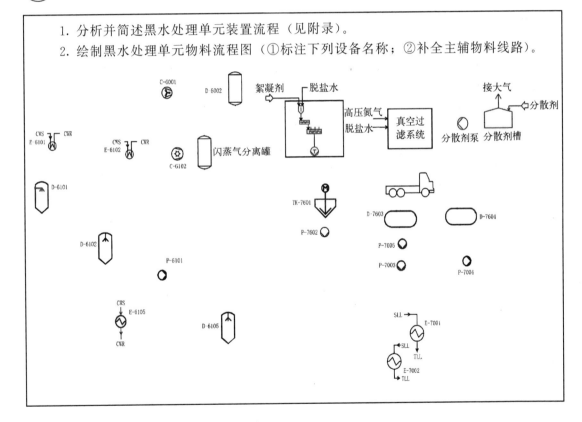

知识准备

一、黑水闪蒸单元流程简述

在激冷室内生成的含固黑水（压力约为 3.8MPa，温度约为 180℃）在闪蒸系统中闪蒸、冷却以除去黑水中的大部分不凝气。黑水经过两级闪蒸。在第一级闪蒸中，黑水先进入一级闪蒸罐 D-6101 进行闪蒸，黑水的压力降为 0.02MPa，温度降为约 105℃。闪蒸出来的气体和不凝气进入一级闪蒸冷却器 E-6101 进行冷却，冷却后气体高空排放。闪蒸后黑水进入二级闪蒸罐 D-6102 进行真空闪蒸，真空闪蒸压力通过真空泵 C-6102 控制在约-0.07MPa。由于压力的下降，黑水将再次进行闪蒸，并产生一定量的酸性气体。闪蒸出的气体进入二级闪蒸冷却器 E-6102 进行冷却，冷却后气体经闪蒸真空泵 C-6102 抽出进行高空排放，闪蒸后的黑水经黑水闪蒸泵（P-6101）送至澄清槽。

黑水进入闪蒸罐 D-6105 进行闪蒸，闪蒸气通过真空泵 C-6102 抽出，送往火炬进行焚烧处理。底部的黑水进入澄清槽沉降后溢流水进入循环水罐循环使用。旁路闪蒸为主闪互备管线，装置运行时，主闪故障时可以互相切换。

来自黑水处理单元和捞渣机的酸性气体，由于压力很低，首先在黑水风机 C-6001 进行加压后，进入酸性气体总管。从闪蒸系统一闪和二闪出来的酸性气体汇集在一起后，在酸性气总管跟黑水风机过来的酸性气体混合后由黑水排风机排向火炬进行焚烧处理。所有的酸性气体管线均有蒸汽伴热，防止出现凝液。

二、黑水处理单元流程简述

来自不同设备的黑水流入澄清槽 TH-7601，通过在澄清槽 TH-7601 内加入絮凝剂，大部分固体沉降下来，澄清的水溢流至废水罐 D-7604。在澄清槽 TH-7601 内浓缩后的污泥，通过泥浆泵 P-7602 抽出送往真空压滤机进行过滤，生成的滤饼装车送出装置。滤液送往循环水罐 D-7603。循环水罐 D-7603 和废水罐 D-7604 连通。循环水罐 D-7603 收集冷凝液、滤液和补充用脱盐水，这些水混合后，通过循环水增压泵 P-7005 增压后，一路经过循环水预热器 E-7001 加热后送往激冷水罐（D-3103），另一路去往除渣单元，用于锁斗充压和冲渣（D-4103，冲洗水罐）。为控制循环水的盐浓度，部分废水送往废水汽提单元进行处理。

三个循环水罐混合了各系统过来的水后，分别经各自底部的出口管线汇集到一根循环水总管，进入串联布置的循环水增压泵 P-7005 和循环水泵 P-7003 加压到 5.2MPa 左右后，分别送往激冷水罐作为气化炉的激冷水、排渣系统的渣锁斗 D-4102 作升压和降温用、渣水循环泵 P-4102 检修时的冲洗和渣锁斗进料前煤渣颗粒的疏松。

✎ 课后习题

1. 黑水进入闪蒸罐 D-6105 进行闪蒸，闪蒸气通过真空泵 C-6102 抽出，送往_____进行焚烧处理。

2. 在澄清槽 TH-7601 内浓缩后的污泥，通过泥浆泵 P-7602 抽出送往_____进行过滤。

3. 循环水增压泵 P-7005 和循环水泵 P-7003 加压到 5.2MPa 左右后，分别送往_____作为气化炉的激冷水、_____作升压和降温用、渣水循环泵 P-4102 检修时的冲洗和渣锁斗进料前煤渣颗粒的疏松。

4. 黑水经过两级闪蒸，在第一级闪蒸中压力约为_____，在二级闪蒸罐 D-6102 进行真空闪蒸，真空闪蒸压力通过真空泵 C-6102 控制在约_____MPa。

模块六

化工仿真模拟训练

 学习目标

通过仿真训练项目的软件能够熟练进行控制器的基本操作和参数的在线调整；能够通过反复试验设计开车方案，制定事故处理方案；能够对复杂化工过程动态运行进行分析和决策；能够识别和排除事故；能够理论联系实际，独立思考、解决生产运行中的问题。

学习导入

在本模块中，我们将对 6 万方空分装置和德士古水煤浆气化装置进行仿真模拟操作，将整个装置按照开车逻辑过程操作，同时对一些生产事故进行分析和处理。

单元 1 大型空分装置仿真模拟训练

本单元的任务是进行 $60000\text{m}^3/\text{h}$（标准状态）空分装置的开车，在模拟过程中学会开车的操作规程，掌握操作技巧，锻炼操作能力。本单元需 $60000\text{m}^3/\text{h}$（标准状态）空分仿真软件支持。

 知识准备

一、装置流程图

具体见附录中模块六附图。

二、主要设备

见表 6-1。

表 6-1　主要设备一览表

序号	位号	设备	序号	位号	设备
1	K1161	原料空气透平压缩机	9	E3116A～D	高压主换热器
2	K1261	增压透平压缩机	10	E3117 A～D	低压主换热器
3	X1171	汽轮机	11	E3316	液空液氮过冷器
4	E2416	空气预冷塔	12	T3212、T3211	上塔、下塔
5	E2417	水冷塔	13	E3216	主冷凝蒸发器
6	A2626A/B	分子筛纯化器	14	P3568A/B	高压液氧泵
7	D3432	气液分离器	15	K3420	膨胀压缩机
8	E2617	节能型蒸汽加热器	16	X3471	膨胀汽轮机

三、主要参数

见表 6-2。

表 6-2　主要参数一览表

设备名称及位号	参数及位号	正常指标	单位
主空压机（K1161）	吸入的原料空气量（FI1245）	301925	m³/h
	出口输出压力（PI1185）	0.598	MPa
	出口温度（TI1185）	120	℃
预冷塔（E2416）	操作压力（PI2402）	0.595	MPa
	正常液位（LI2402）	68	%
	常温水流量（FIC2411）	704.4	m³/h
	低温水流量（FIC2421）	153.64	m³/h
分子筛（A2626A/B）	正常操作压力（PIC2603/PIC2604）	0.577	MPa
增压机（K1261）	一级处理空气量（FIC3425）	64395	m³/h
	二级处理空气量（FIC3910）	80384	m³/h
	一级输出压力（PI1225）	2.18	MPa
	二级输出压力（PI1285）	5.18	MPa
	一级输出温度（TI1225）	40	℃
	二级输出温度（TI1285）	40	℃
压力塔（T3211）	正常操作温度（TI32051）	−180	℃
	操作压力（PIC3201）	0.55	MPa
	正常液位（LIC32011）	40～50	%
	原料进料量（FIC2615）	301925	t/h
低压塔（T3212）	正常操作温度（TI3222）	−188	℃
	操作压力（PIC32712）	0.133	MPa
	正常液位（LIC3211）	95	%

四、控制说明

1. 空压机入口风门控制

分子筛出口处的压力控制器（PIC2615）和流量控制器（FIC2615）低选联合控制，即分子筛出口处的压力控制器（PIC2615）和流量控制器（FIC2615）低选控制（K1161）的入口封门，入口封门的开度以二者输出开度较小的为准。如图 6-1、图 6-2。

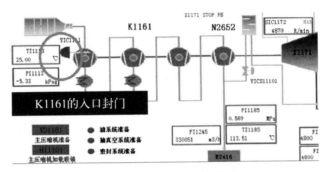

图 6-1 空压机入口封门控制

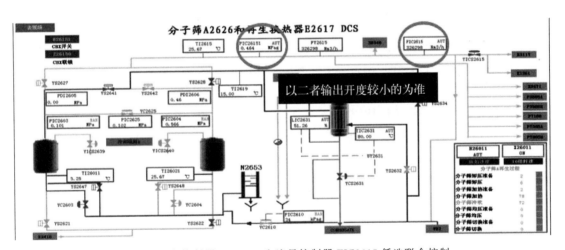

图 6-2 压力控制器 PIC2615 和流量控制器 FIC2615 低选联合控制

2. 空冷塔液位控制（LIC2401）

空冷塔（E2416）液位控制器（LIC2401）有自保联锁，E2416 液位比较低时，自保启动，电磁阀将动作，控制阀将自动关闭。

3. 空冷塔下段常温水流量控制（FIC2411）

空冷塔（E2416）入口常温水流量控制器（FIC2411）有自保联锁，当入口泵（P2466A/B）都关闭时，自保启动，电磁阀将动作，控制阀将自动关闭。

4. 分子筛再生器蒸汽出口流量控制

分子筛再生器（E2617）的温度和液位联合控制出口流量（低选控制 LIC2631、TIC2631），从而保证 E2617 的液位和温度在比较合理的位置。如图 6-3。

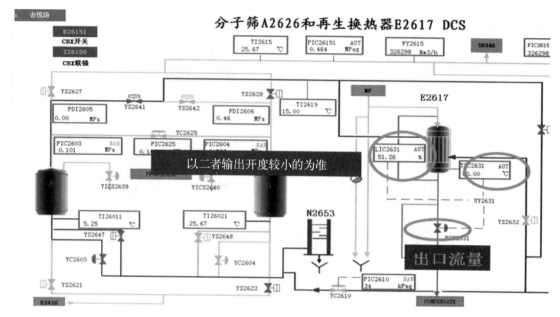

图 6-3　分子筛再生器蒸汽出口流量控制

5. 分子筛（A2626A/B）的时序控制

分子筛（A2626A/B）时序控制，一台在吸附的时候，另外一台再生，同时还要兼顾冷吹、热吹等过程的控制。在控制过程中，有一个专门的时序控制算法来控制分子筛各可控阀进行切换，从而保证时序控制。

6. 增压风流量控制（FIC3910）

增压风流量取增压风管上温度（TI1285）、压力（PI1285）的数值到 FIC3910，计算成标准状态下的流量，通过增压风蝶阀的开度进行调节。

7. 精馏塔上塔压力控制（PIC32711）

PIC32711 控制器控制污氮去往水冷塔的阀门 YC32711。如图 6-4。

8. 精馏塔下塔压力控制（PIC3201）

PIC3201 控制器控制液空去往上塔阀门 YC3222。如图 6-5。

9. 增压机出口流量（FIC3910）

FIC3910 控制器控制主冷入塔空气阀门 YC3910。

五、联锁说明

1. 预冷系统跳车联锁

突然摘除汽轮机开关，或者因操作失误导致 E2416 的液位过高（80%报警，100%跳车），均会触发预冷系统的跳车联锁。动作：停泵，流量调节阀自动关闭。

2. 主压缩机 K1161 联锁

在汽轮机 X1171 没有启动或者分子筛系统没有准备好的时候，不允许启动 K1161。因此在启动主压缩机 K1161 时，必须先启动汽轮机，并启动分子筛准备按钮。

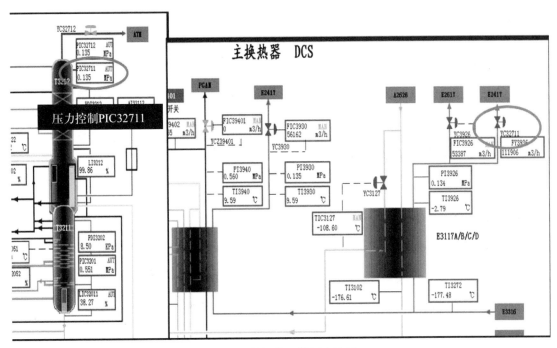

图 6-4　精馏塔上塔压力控制

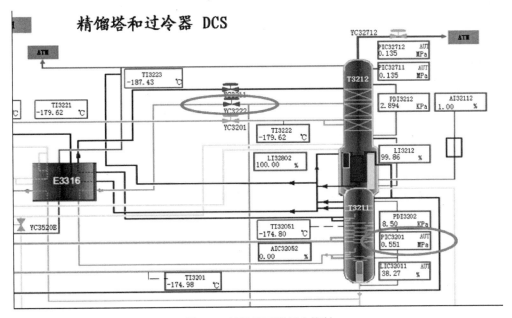

图 6-5　精馏塔下塔压力控制

3. 高压氧气、氮气产品输出联锁

　　HPGOX 和 PGAN 可以排空也可以作为产品输出，在初期产品纯度达不到要求时，HPGOX 和 PGAN 开关关闭，不允许向外界输出产品，当纯度达到要求时，启动 HPGOX 和 PGAN 联锁，切断向外界排空的管路，允许向产品输出。

六、原始开车

长期停车后的开车。

1. 开车前的准备

离心式空压机、预冷机组、透平膨胀机等具备启动条件；仪表及自动化控制系统调试完毕，接通配电室电源；给空气过滤器送电，做好启动准备；仪表空气做好送气准备，压力、流量满足要求；准备好各种开车用工器具；检查阀门的开关状况；启动蒸汽系统及冷凝系统（油系统准备，密封系统准备，汽轮机气封，暖管等）；空气预冷系统建立液位（建立水冷塔液位 44%，建立空冷塔液位 66%）；主压缩机入口导叶打开；主空压机、增压机系统、透平膨胀系统的准备工作（包括增压机一级和二级入口导叶打开，干燥气管线打通）。

2. 启动冷却水系统

压缩机、增压机、膨胀机的各级冷却器的冷却水线路开启。打开并调整 K1161 级间冷却器冷却水阀；打开 E2417 冷却水入口、出口阀；打开 E2416 冷却水入口、出口阀；打开 K3420 后冷却器 E3421 的上、下水阀；打开 K1261 级间冷却器 E1216、E1217、E1218、E1221 的上、下水阀及调整冷却水阀；打开 E1181 的各冷却水阀。

3. 启动 K1161/K1261

接空分主控通知后，按《离心式空压机岗位操作规程》正确启动空压机。

汽轮机低速暖机（1000r/min）；汽轮机升速（4000～4870r/min）；控制蒸汽出口换热器液位 40%；主压缩机出口压力升至 5.0MPa；向预冷系统及分子筛送气（B组空气入口、出口打通）。

4. 启动空气预冷系统

打开 PIC26151，缓慢对 E2416 和 A2626 进行升压，PIC26151 达到 0.480MPa（表压）后，将 PIC26151 投自动，并设定其 SP 值为 0.48MPa；调节空冷塔上、下两段水的流量，FIC2411 的流量达到 704.4m³/h，然后将 FIC2411 投自动；蒸发冷却塔 E2417 的出水流量控制器 FIC2421 的 SP 设置为 153.64m³/h；微启 E2417 的冷却旁通阀 V2429，暂时替代污氮气，启动预冷系统。

5. 启动分子筛纯化系统

分子筛系统加载联锁，点击 CBX 联锁按钮；启动再生器（再生器暖管，暂时利用空气作为再生气体，启动再生器对 A 组分子筛工作，TIC2631 设为自动，并设置其 SP 值为 80℃，液位 44%，再生气体压力 20kPa）；现场打开分子筛排水阀。

6. 启动分子筛时序控制

切换到分子筛控制界面，点击分子筛时序自动计时器——X26011；切换到分子筛控制界面，点击分子筛时序自动控制——H26011。

7. 切换仪表空气

当分子筛系统启动后，切换仪表空气，仪表空气由客户端切换为分子筛系统提供。

8. 启动冷箱

先进行下塔冲压导气，缓慢开启 YICS2615，对 T3211 进行加压，升压至 0.5MPa；再对上塔 T3212 进行加压，升压至 1.33MPa。保证 FIC2615 流量稳定在 301925m³/h。

9. 加载增压空气压缩机（K1261）

干燥气切换原料空气；加载增压机（加载一、二段联锁，开大气门开度，关小防喘振阀），一段升压至 2.2MPa，二段升压至 6.2MPa；向主换热器及下塔送气；FIC3010 控制 YC3910，使得进入下塔 T3211 的流量控制在 80384m³/h。

10. 启动增压透平膨胀系统（K3420/X3471）

透平机 X3471 准备工作；打通 K3420、X3471 进出口现场线路；增压膨胀系统启动条件满足后，进口压力达到 2.0MPa 时，开启紧急切断阀 YS3411，快速开启喷嘴 YIC34121，迅速通过临界值，逐渐关小防喘振阀。

11. 低温部分降温（主装置）

启动主冷降温；开启去往上塔的冷却管线，降温，以产生冷凝液；调整空气总量至最大，加速降温调节 FIC2615 至 301925m³/h 加速降温。

分子筛再生气体、水冷塔的冷却气体切换为污氮气（替换开车使用的空气）。

12. 产品调试建立精馏

调试，调节建立下塔液位为 37%，下塔有液体后，关闭主冷启动阀，将 PIC32712 投自动，设置其 SP 值为 0.133MPa；压力塔上下压差 PDI3202 显示值稳定在 20kPa；低压塔上下压差 PDI3212 显示值稳定在 8.8kPa；压力塔 T3211 的液位稳定在 37%；低压塔 T3212 的液位稳定在 100%；D3432 的液位稳定在 50%。

取产品，氮气产品流量 30300m³/h；氧气产品流量 6000m³/h。

七、汽轮机联锁事故处理

1. 现象描述

汽轮机因故障短期停车，会造成主压缩机和高压压缩机联锁停车；同时还将引起系统预冷塔的联锁反应；E2416 的出口调节阀将自动归零，从而引起 P2466/P2467 系统停机。

2. 汽轮机联锁事故处理

① 切换到"预冷系统塔"界面，关闭 P2466A 出口阀 V2416A；

② 切换到主压缩界面，点击汽轮机开关 H11711 按钮；

③ 打开汽轮机入口开关 YS1171；

④ 打开汽轮机入口封门 YIC11721，重新启动汽轮机；

⑤ 点击"主压缩机加载联锁"按钮 H11101；

⑥ 关闭放空阀 YICS11101；

⑦ 主压缩机联锁设置完毕，切换到"预冷系统塔"界面，LI2402 报警结束后，将 LIC2401 控制复位：设置为自动控制；

⑧ 将 LIC2401 控制复位：设置其 SP 值为 68；

⑨ 重新启动 P2466A 泵；

⑩ 打开 P2466A 泵出口阀 V2416A；

⑪ 重新设置 FIC2411，将其设置为自动模式；

⑫ 重新设置 FIC2411，将其 SP 值设置为 704.3；

⑬ 重新启动 P2467A 泵；

⑭ 打开 P2467A 泵出口阀 V2426A；

⑮ 重新设置 FIC2421，将其设置为自动模式；

⑯ 重新设置 FIC2421，将其 SP 值设置为 153.64；

⑰ 点击增压机"压缩机加载联锁"按钮（H12101）；

⑱ 关闭一段防喘振阀 YICS12101；

⑲ 点击二段"压缩机二段联锁"按钮（H12201）；

⑳ 关闭二段防喘振阀 YICS12201。

课后习题

1. 透平压缩机升速过程中在 1000r/min 左右需暖机 10～20min，暖机的目的是什么？

2. 空分装置中哪些因素会使压缩机跳车联锁？

3. 哪些因素会引起预冷系统跳车联锁？

4. 空分装置开车过程中，切换备用仪表空气需满足什么条件？

5. 主蒸汽管道投用前暖管的目的是什么？

单元 2　德士古水煤浆气化装置仿真模拟训练

　　本单元进行德士古水煤浆气化装置的模拟原始开车，在模拟过程中学会开车的操作规范，掌握操作技巧，锻炼操作、指标优化能力。本单元需德士古气化仿真软件的支持。

知识准备

一、制备水煤浆

　　水煤浆制备注意事项：

　　统筹安排时间，此阶段需要时间久，气化炉开车前，此工序独立，各工序人员配合兼顾统筹其他工作。

M6-1　开车前准备工作

① 向磨煤机送水、添加剂、磨煤制煤浆；

② 煤浆出料槽 V101 液位至 30％才可启动搅拌器，打循环；

③ 煤浆出料槽液位至 80％送煤池，关闭循环，取样分析，调节浓度至 53.5％；

④ 向煤浆槽 V201 送料。

二、连锁等试验

1. 气化炉系统开车前准备

2. 仪表、阀门联调

3. 气化炉安全联锁空试

① 初始化：停高压氮气，开氧气放空；

M6-2　联锁调试、气密

② 复位：氧气管线阀间的高压氮气缓冲阀门打开，氧气调节阀允许打开；

③ N$_2$ 置换；

④ 开车运行：开启煤浆切断阀，关闭高压氮；

⑤ 停车：开启高压氮，关闭煤浆切断阀。

4. 锁斗逻辑关系空试

（1）联锁试验检查

① 开始：循环泵的循环阀（XV2012A）开启；

② 冲水：冲洗水阀（XV2014A）开启，泄压阀（XV2015A）开启；

③ 液位假信号：冲洗水槽（90%）假信号；锁斗（100%）假信号；

④ 复位：锁斗安全阀（XXV2009A）打开。

（2）空试

① 启动锁斗循环泵；

② 运行；

③ 冲洗水假信号（排渣时）；

④ 暂停（集渣时）；

⑤ 停止。

5. 煤浆泵压力试验

目的：检查是否可以达到相应的压力，检漏，检查仪表等。

理解：利用冲洗水管线检验高压煤浆泵。

① 打通煤浆泵冲洗水管线（去废浆槽），关闭煤浆循环线路（去地沟打开）；

② 启动泵实验；

③ 降速、停泵；

④ 开泵出口导淋；

⑤ 关相应线路阀门。

注意：不进行气化炉初始化，无法启动煤浆泵。

6. 系统气密

三、烘炉预热（升温）

1. 烘炉目的

气化炉在新建安装完毕或检修后，新砌耐火砖在开车前必须进行烘炉，其目的主要是干燥耐火衬里，检验耐火砖及气化炉整体设备在正常生产工艺要求的温度下能否达标，以防止在生产过程中由于热膨胀而造成耐火衬里变形、脱落或产生裂纹，影响安全生产，直接威胁气化部分高负荷、长周期稳定运行（图6-6）。

2. 烘炉前应具备的条件

① 气化炉筑炉完成，机械竣工验收合格，炉内无杂物。

② 气化炉烘炉时所用的设备、管道已进行过机械清理、吹扫和水冲洗，确认设备、管道内清洁干净。

③ 原水管线已清洗排放干净，具备通水条件，渣池泵、渣池搅拌器经单体试车具备运

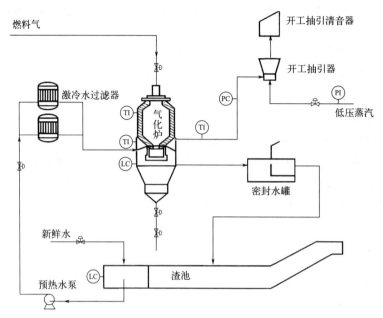

图 6-6 烘炉原理示意图

行条件。

④ 有关烘炉升温时所使用的联锁、调节阀已调校好，准确好用。

⑤ 烘炉所用公用工程物料包括电、DO、LPG、RW、EW、CW 已送至界区，并能正常使用。

⑥ 确认气化炉表面温度计、烘炉热偶经调校合格，误差不大于 10℃，并能投入使用。

⑦ 气化炉炉口闷炉盖已制好（密封性能好，安装方便）。

⑧ 操作人员经培训、考试合格，且已取得上岗证，具备独立操作能力。

⑨ 所有多余预留孔都应盲死，并由岗位技术员、工艺员组织检查一次。

⑩ 气化炉排水管线畅通，并能达到控制升温时所要求的正常液位。

⑪ 已做水分布实验，得出最小流量值，使激冷水水膜分布均匀流畅。

3. 烘炉前的准备工作

① 清除操作区域内所有建筑垃圾和无用的脚手架，保证通道畅通。

② 用于烘炉的临时记录表、曲线图（由耐火砖厂家提供）已准备好。

③ 现场配备好消防器材，必需的急救用品、防护用品。

④ 气化炉烘炉用的各仪表、热偶全部安装就位。

⑤ 确认气化框架楼顶电动葫芦已送电，且灵活好用。

⑥ 确认现场所有手动阀、调节阀处于待启状态。

以上工作应在烘炉前一周内完成。

4. 烘炉开车过程

（1）建立预热水循环

建立预热水循环的目的是在烘炉过程中保护气化炉的下降管，防止高温熔渣和粗合成气把下降管烧坏。烘炉期间由泵强制循环水流经下降管，在下降管

M6-3 建立预热水循环

内壁形成一层水膜，使其受到保护。

操作过程中注意预热水在气化炉的液位高度需低于下降管，否则将会封堵下降管，这样会形成水封，气化炉的烟气无法被抽引器抽出，烘炉期间无法维持气化炉的真空度，气化炉的炉膛内烟气聚集，压力升高，会造成回火。

（2）启动开工抽引器

开工抽引器的启动是为了建立气化炉的真空度，以便可以使烘炉产生的烟气排出，同时空气也可顺利进入。

（3）燃气烘炉

烘炉过程按照固定的升温曲线来进行，曲线图由耐火砖厂家提供。

四、排渣系统准备

M6-4 加热炉点火、投用锁斗

锁斗的开车原理和水煤浆制备的原理在这里不再重复了，这里主要介绍系统开车时的注意事项。

锁斗程序有三种操作模式：自动模式、单个步骤模式、手动模式。装置中没有设置单个步骤模式（DCS 中未做本步骤模式），锁斗运行有自动模式和手动模式两种，手动模式要费很大的人力，工作烦琐，因此系统开车过程设计按照自动模式进行。自动模式每个工作循环和每个操作步骤只要条件满足就会按照逻辑顺序进行。但是要想让锁斗自启动，必须建立锁斗自启动的条件。

投用锁斗过程如下。

① 开始：开锁斗循环阀；

② 冲水：锁斗冲水；

③ 复位：开锁斗安全阀；

④ 锁斗循环泵：建立自循环；

⑤ 运行：锁斗工作循环；

⑥ 打通锁斗至气化炉冲渣线路。

五、建立气化炉激冷水循环

建立水系统大循环的工作中，理解整个水循环路线是重点，只有理解了整个水循环的路线，才能做得得心应手，这需要在认识路线—操作—重新认识—操作中不断地去摸索和理解，所以操作中我们不能只按照步骤机械地操作，而应该一边思考和分析、一边操作，理解每个步骤的意义，除了这种操作方案是否还有更合适的，每个事物都有缺陷甚至错误，我们可以带着怀疑和批判的眼光去看待它。

开车水系统大循环示意图如图 6-7 所示。

水循环建立过程：

① 高、低闪氮气置换；

② 火炬系统置换；

③ 启动真空闪蒸系统；

④ 沉降槽建立液位；

⑤ 启动除氧器系统；

⑥ 切换激冷水。

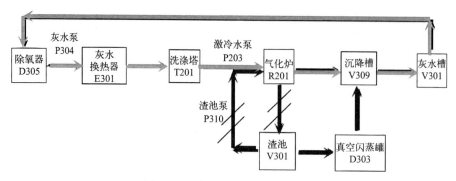

图 6-7   开车水系统大循环示意图

六、换烧嘴

更换烧嘴的工作中涉及软硬管切换的工作,在烧嘴的冷却水系统建立后,烧嘴连接在软管的管路中,需要将烧嘴通过软管通路安装在气化炉上,然后方能切换成硬管通路。

M6-5   建立烧嘴
冷却水循环

1. 建立烧嘴冷却水循环

① 冷却水槽注水 80%;

② 打通软管冷却水循环;

③ 事故水槽注满水,充压 0.4MPa;

④ 冷却水泵备 B 泵。

2. 烧嘴切换

① 停烘炉燃气、空气;

② 换烧嘴;

③ 停抽引;

④ 软管循环切换硬管循环。

M6-6   公用工程
氮气置换、投用

七、建立开工流量、投料

① 气化炉开车前氮气置换。

② 建立煤浆流量 $17.3m^3/h$,浓度 53.4%。

③ 建立氧气流量 $8800m^3/h$。

④ 气化炉激冷室提液位 50%。

⑤ 投料前确认、操作:

M6-7   气化炉
氮气置换

a. 确认气化炉炉温>1000℃;

b. 确认气化炉 R201 液位>50%;

c. 确认洗涤塔 T201 液位>50%;

d. 确认激冷水流量 FICA2008A>$100m^3/h$。

e. 确认中心氧阀全开;

f. 确认碳洗塔去变换线路关闭;

g. 确认碳洗塔去火炬线路全开;

h. 确认煤浆、氧气炉头阀打开；

i. 确认煤浆、氧气、高压氮气开启；

j. 确认气化炉复位，氮气置换合格。

M6-8 气化炉
投料开车

⑥ 气化炉投料开车。确认气化炉的炉温＞1000℃，否则需要更换烧嘴重新升温；按下开车运行按钮；氧气入炉后，气化温度急剧上升，如果投料失败，应立即按下紧急停车按钮，实施手动停车，停车后条件成熟后重新开车。

八、黑水排放、升压送气

1. 开车成功后操作

调节：煤浆泵转速、氧气量和中心氧量、气化炉出口温度、激冷室液位、碳洗塔液位，用冲洗水冲洗煤浆循环管线。

2. 气化炉升压

升压至 0.5MPa 时启动锁斗顺控；升压至 1.0MPa 时排放黑水；升压至 4.0MPa 时向变换送气。

M6-9 系统升压、
调节至正常

3. 黑水切换到高闪

升压至 1.0MPa 时排放黑水；黑水切换到高闪。

包括向变换导气、絮凝沉降操作、分散剂系统开车操作和滤布机系统操作。

九、事故分析和处理

1. 气化紧急停车

（1）联锁停车

由于安全系统的作用，当下列情况之一出现时，则会引起系统自动停车。

M6-10 气化紧急
停车

① 煤浆流量过低，FIA2001A、FIA2002A、FIA2023A 中三选二，LL 为 $11.47m^3/h$；

② 氧气流量过低，FICA2007A1、A2、A3 中三选二，LL 为 $4604m^3/h$；

③ 激冷室液位过低，LIA2002A、LIA2003A、LIA2004A 中三选二，LL 为 2400mm；

④ 激冷室合成气出口温度过高，TIA2011A1、A2、A3 中三选二，HH 为 250℃；

⑤ 主烧嘴冷却水故障，FIA2019A LL 为 $5.4m^3/h$，TIA2020A HH 为 58℃，PIA2014A HH 为 1.8MPa，三选二；

⑥ 仪表空气压力低，PIA2047，LL 为 0.4MPa；

⑦ 烧嘴压差低，PDIA2016，LL 为 300kPa；

⑧ 紧急停车按钮动作；

⑨ 氧气超时，高压煤浆泵停车；

⑩ 煤浆循环阀阀位故障，煤浆切断阀阀位故障，氧气放空阀阀位故障，氧气切断阀阀位故障，装置供电故障等。

（2）程控停车

程控停车时，下列阀门将被关闭。

① 氧气切断阀 XXV2005A、2006A 关闭。

② 氧气流量调节阀 FV2007A 关闭。

③ 中心氧气流量调节阀 HV2021A 保持原来阀位开度。

④ 高压煤浆泵停车。

⑤ 煤浆切断阀 XXV2002A、XXV2003A 延时 1s 关闭。

⑥ 合成气出口阀 HV2004A 关闭。

⑦ 高压氮程控吹扫程序启动（氧气吹扫阀 XXV2020A 打开，吹扫氧气管道 20s 关闭；延时 7s，煤浆吹扫阀 XV2004A 打开，吹扫煤浆管道 10s 后关闭；延时 30s，氧气管道段间氮气保护阀 XXV2021A 打开）。

（3）停车原因调查

当发生紧急停车后，立即查明原因，并采取相应措施。总控关闭氧气流量调节阀 FV2007A、合成气出口阀 HV2004A。

停车后，减小激冷水的流量，流量应大于 $40m^3/h$；切断煤浆和氧气，现场关闭氧气、煤浆炉头阀及氧气吹扫阀 XXV2020A、煤浆吹扫阀 XV2004A 前阀，氧气管道阀间氮气保护阀 XXV2021A 前阀未接到通知严禁关闭。

2. 激冷室出口合成气温度高

激冷室合成气出口温度高，应检查激冷水流量和激冷水温度是否正常，若不正常，调至正常，检查气化炉工况和负荷，并调节。

M6-11 气化炉激冷室出口合成气温度高

3. 洗涤塔液位不正常

检查下列参数：系统压力、灰水进水量、黑水排放量和激冷水流量，若不正常，则调节至正常。

M6-12 洗涤塔液位高

4. 磨煤机轴瓦温度高

磨煤机轴瓦温度正常时为 45℃，造成温度高的原因可能有供油量少、冷却水温度高、轴及轴瓦配合不协调、磨机长时间空转等。短时间内可以加大循环水、开大油泵出口阀来缓解，如果这样还是无法降温至 45℃，就必须找到症结所在，从根本上解决。如果轴承冷却油出油温度及冷却水出水温度均较低，而轴瓦温度较高，说明冷却介质没有冷却轴瓦，极有可能是冷却油管微堵及冷却水管堵。

若冷却水温度高，则油温也会升高，油的黏度降低，轴和轴瓦之间的油膜变薄，会产生局部摩擦，因此轴瓦温度会升高，见表 6-3。

表 6-3   磨煤机轴瓦温度高的原因及处理

序号	原因	处理方法
1	供油量少	加大供油量
2	冷却水温度高	增大循环冷却水量或降低循环水温度
3	轴及轴瓦配合不协调	停车查找检修或更换轴瓦
4	磨机长时间空转	立即停磨

5. 炉壁超温

正常炉壁温度为 250℃（燃气烘炉画面中显示），如果炉壁超温，可以视情况降低负荷（中心氧降低；煤浆泵转速调低）、降低氧煤比。但是还是要找到真正的原因，依据具体原因进行处理，见表 6-4。

表 6-4　炉壁超温原因及处理

序号	原因	处理方法
1	炉温过高	降低炉温
2	负荷过大	视情况降低负荷
3	耐火砖局部脱落	测量炉壁温度,若温度不正常,停车
4	炉壁裂缝,砖缝过大,窜气严重	同上
5	长时间运行,耐火砖变薄	换砖
6	烧嘴损坏或安装不当,烧嘴偏喷,火焰角度严重冲刷壁砖	停车

6. 锁斗故障

在气化反应中,不仅生成了所需产物合成气,伴随着也产生了大量的灰渣。如果不及时将其排出,将会在炉底堆积,被黑水带入后系统,堵塞管道和设备等。当其堆积至一定程度时,便会堵塞黑水出口,届时气化系统水循环将无法进行,最终气化炉无法运行。由此可见,锁斗系统虽为一辅助系统,但其扮演着极其重要的角色。由于某种原因锁斗无法正常运行时,超过一定时间则气化炉就有可能被迫停车。

影响锁斗正常运行的常见问题:一是锁斗阀门故障,如阀门动作不到位、阀门内漏等,由仪表维护人员修理或更换阀门即可,但一定要抓紧时间,避免长时间影响锁斗排渣。二是锁斗渣堵,新型四喷嘴气化炉适于低温操作,炉温太高会影响耐火砖与烧嘴的使用寿命,而炉温太低或由于煤种原因则可能导致气化炉渣口与锁斗系统渣堵。锁斗上部渣堵:锁斗打成手动,进行充压,直至锁斗充压至最高,以反冲进行处理。锁斗下部渣堵:若锁斗带压排渣,如速度仍慢,则可判断锁斗下部渣堵,可用高速水流疏通。

锁斗故障排除后正常排渣,需要进行锁斗系统单元开车。

7. 气化炉合成气带水

（1）异常现象

气化炉激冷室的液位逐渐下降,在去闪蒸系统的阀门处于自动状态的情况下,去闪蒸系统的阀门会自动关小,因为去闪蒸系统的黑水流量是和气化炉激冷室的液位串级调节的。

合成气带水后离开气化炉激冷室进入合成气管道,会使气化炉激冷室的液位下降,降低了冷却效果,所以合成气的温度偏高。另外激冷室带水后带入合成气管道内,由于有黑水的存在而影响了气流的通道。

气化炉激冷室的黑水大量带入洗涤塔,所以洗涤塔的液位会升高,洗涤塔的自动补水阀会自动关小。

（2）原因及处理

合成气带水原因及处理见表 6-5。

表 6-5　合成气带水原因及处理

原因	处理方法
负荷过大,产生的合成气量大	减负荷
后系统的压力突然降低	维持系统稳定
系统水质差	控制水质

续表

原因	处理方法
激冷室温度过高	降低系统热负荷
激冷室液位高	降低液位
激冷室中下降管损坏	停车维修
合成气管线有点堵使得有点憋气	消除堵点

课后习题

1. 如何调节煤浆浓度？

2. 煤浆泵打不上压力的原因可能有哪些？

3. 仪表空气供应不正常会造成什么后果？

4. 烘炉操作的主要指标：

(1) 气化炉真空度：＿＿＿＿＿＿＿＿；出激冷室烟气温度：＿＿＿＿＿＿＿＿。

(2) 如果以上指标偏离会有何不利影响？

5. 什么是回火？

6. 以下因素会造成回火，应如何处理？

回火原因	处理方法
燃料突然加大	
蒸汽压力变低,抽引蒸汽量小	
激冷室液位高,封住下降管	
断蒸汽	
抽引管线有漏点	

7. 锁斗冲洗水槽缺水的原因可能是什么？

8. 如何看待锁斗循环泵的自循环过程？

9. 在预热水切换成激冷水的过程中气化炉正在烘炉，激冷环不能断水，在预热水切换成激冷水的过程中有哪些逻辑步骤值得注意？

10. 烧嘴冷却水系统为什么要检测 CO 含量？

11. 设置事故烧嘴冷却水槽的目的是什么？

12. 为什么烧嘴冷却水系统压力比气化炉压力低？

13. 气化炉投料前进行 N_2 置换的目的是什么？

14. 投料前的准备工作有哪些?

15. 如何控制好气化炉升压速度?

16. 高压闪蒸罐的压力如何控制?

17. 气化炉的炉温如何调节?

18. 气化操作温度选择的原则是什么?

19. 德士古水煤浆气化装置中，带自启动的泵有哪些?

20. 锁斗渣堵根本原因是什么?

21. 锁斗充压速度慢的可能原因有哪些?

岗位危害因素分析及防护

 学习目标

本模块旨在通过对气化和空分岗位危险因素的分析，能够识别气化和空分岗位危险源，理解和认识相关危险因素的危险原理和特性，知道相关的防护措施及救护方法。

学习导入

空分装置生产过程中涉及原料空气的过滤与纯化、压缩、冷却、精馏、气体输送、储存等环节，气化装置生产过程中涉及原料制备、原料输送、气化、合成气洗涤、锁斗排渣、黑水处理等环节，每个环节都存在危害性极高的因素，并且装置生产各工序关联性很强，所涉及的设备种类繁多，技术较为复杂，某个环节出现问题将可能影响整个生产，容易发生火灾、爆炸、中毒、冻伤、烫伤等伤害，甚至发生人员死亡等重大危害事故。

因此，对装置的危害因素进行分析，并了解增强安全生产的防护措施，对降低生产危害具有重要意义。

单元 1　空分岗位危害因素分析及防护

本单元的任务是识别空分岗位危险源，了解空分岗位相关的危害因素及预防和防护措施。

课前预习

1. 查阅资料，填写以下空分岗位有害物质乙炔的性质及危害特性。

项目	乙炔（C_2H_2）
外观与性状	
熔点/℃	

续表

项目		乙炔（C₂H₂）
沸点/℃		
闪点/℃		
空气中（体积分数）	爆炸上限/%	
	爆炸下限/%	
纯氧中（体积分数）	爆炸上限/%	
	爆炸下限/%	
在纯氧中的溶解度 /(10⁻³mg/m³)	104K(−169℃)	22.8
	99.4K(−173.6℃)	15.5
	83K(190℃)	3.6
在液氧中控制指标/(10⁻³mg/m³)		0.1～2
危险特性		
健康危害		具有弱麻醉作用。急性中毒：接触10%～20%乙炔，可引起不同程度的缺氧症状；吸入高浓度乙炔，初期兴奋、多语、哭笑不安，后眩晕、头痛、恶心和呕吐，共济失调、嗜睡；严重者昏迷、发绀、瞳孔对光反应消失、脉弱而不齐。停止吸入，症状可迅速消失。慢性中毒：目前未见有慢性中毒报告。有时可能有混合气体中毒的问题，如磷化氢，应予注意

2. 查阅资料制作液氧职业危害告知牌。

工作场所存在高纯氧气、液氧，对人体有损害，请注意防护		
oxygen(liquid oxygen) 氧气（液氧） O₂ ⚠当心中毒 ⚠当心冻伤	理化特性	健康危害
	外观与性状：无色无臭气体； 液态时为_____色液体； 熔点/℃：−218.8； 沸点/℃：_____； 相对密度（水=1）：1.14； 相对密度（空气=1）：1.43； 饱和蒸气压(kPa)：506.62/−164℃； 临界温度/℃：−118.4； 溶解性：溶于水、乙醇。	_____ _____ _____ _____ _____ _____ _____ _____
	应急处理	
	皮肤接触：_____ 眼睛接触：_____ 吸入：_____ 食入：不会通过该途径接触。	

续表

	防护措施
	呼吸系统防护：＿＿＿＿＿＿＿＿＿＿＿＿＿＿＿＿＿＿＿＿＿＿＿＿＿ 眼睛防护：＿＿＿＿＿＿＿＿＿＿＿＿＿＿＿＿＿＿＿＿＿＿＿＿＿＿＿ 身体防护：＿＿＿＿＿＿＿＿＿＿＿＿＿＿＿＿＿＿＿＿＿＿＿＿＿＿＿ 手防护：＿＿＿＿＿＿＿＿＿＿＿＿＿＿＿＿＿＿＿＿＿＿＿＿＿＿＿＿＿ 其他:工作现场禁止吸烟、明火。密闭操作时提供良好的自然通风条件。

急救电话:120	消防电话:119	职业卫生咨询电话:×××××××××

📁 知识准备

一、空分岗位危害种类

1. 火灾、爆炸危害

多数空分设备爆炸以化学性爆炸占比居多，而引起化学性爆炸的主要因素有可燃物、助燃物、引爆源。其中助燃物是指氧气和液氧，氧是空分设备化学性爆炸必不可少的条件之一，但同时也是该生产装置的主要产品之一，因此空分设备化学性防爆问题主要在控制可燃物和引爆源上。

（1）可燃物

在空分装置中，可燃物主要是指碳氢化合物或油。原料空气中含有一定量的碳氢化合物，其含量虽小但危害极大，生产过程中碳氢化合物在空分装置内过量积聚，因这些碳氢化合物的闪点低，爆炸极限较宽，在主冷液氧中积聚、浓缩、结晶后在引爆源存在的情况下，易引起爆炸，而在这些有害杂质中，形成爆炸的最主要因素为乙炔。大气中含有多种有害气体，其中乙炔及其他碳氢化合物对空分装置的安全运行危害最大。另一类可燃物主要是油，空分设备主要使用透平油和润滑油。透平油闪点≥195℃，润滑油闪点≥230℃，如果输油管泄漏，在明火或者高热状态，会引发火灾、爆炸。

（2）引爆源

主要包括：静电放电；爆炸性杂质固体微粒相互摩擦或与器壁摩擦；气波冲击、流体冲击或气蚀现象引起的压力脉冲，造成局部压力高而使温度升高；化学活性特别强的物质存在，使液氧中可燃物质混合物的爆炸敏感性增大等。

空分装置中二氧化碳、氧化亚氮和固体粉尘等杂质能够制造引爆源。

① 固体粉尘除了堵塞换热器通道、降低传热效率、堵塞精馏塔塔板、降低产品纯度和产量等外，还会堵塞主冷板式氧通道，加速液氧中烃类杂质的浓缩和其他有害杂质在液氧中积聚，它作为一种静电放电引爆源，会引发主冷爆炸。

② 液氧中含有少量二氧化碳冰粒时，也会产生静电荷，而且固体二氧化碳能够堵塞液氧通道而导致"死端沸腾"，从而使得液氧中的碳氧化合物浓度不断提高。

③ 氧化亚氮虽然不属于易燃易爆组分，但它沸点高、挥发性低、溶解度小，属于堵塞

组分，一旦在主冷中以固体状态析出后，极易形成"干蒸发"或"死端沸腾"，也会造成碳氢化合物的积聚。

2. 噪声危害

空分装置在生产过程中的噪声源主要有空气过滤器、压缩机、增压透平膨胀机以及与液态气体的存储罐相配套的泵等。噪声主要有机械性噪声、空气动力性噪声和电磁性噪声。人在强烈的长时期持续的噪声作用下，会产生恶心、失眠、头晕、心悸、听力减退、神经衰弱及血压不稳等症状，图 7-1 为噪声职业危害告知牌。因此，防噪、降噪是不可缺少的一项工作。

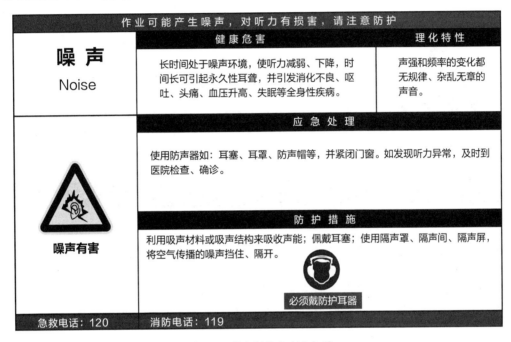

图 7-1　噪声职业危害告知牌

3. 冻伤

空分装置的液氧、液氮、液氩等产品均是低温产品，由于液氧、液氮、液氩气化时要吸收大量的热量，一旦输送这些产品的泵、管道、阀门或者储罐等设备密封不严而发生泄漏，在低温环境会造成人体冻伤、体温降低，严重时甚至造成死亡。检验液化空气和液化氧气时，需要取液态产品，也很容易造成冻伤事故。此外，低温作业人员受低温环境影响，操作功能随温度的下降而明显下降，甚至失去触觉和知觉。

低温液体冻伤的处理及防护：如皮肤接触，将冻伤面浸泡在冷水中解冻，或用清水冲洗30 分钟以上，不能脱去被冻的衣物，不要摩擦其表面，及时到医院进行救治；如眼睛接触，用冷水冲洗 15～30 分钟，及时到医院进行救治；如吸入，迅速脱离现场至新鲜空气处，保持呼吸道通畅，如呼吸停止立即进行人工呼吸，并及时到医院进行救治。图 7-2 为液氮职业危害告知牌。

4. 中毒窒息

空分装置的氮、氩产品均属窒息性气体，它们泄漏后会冲淡大气中的氧含量，当人吸入氮、氩含量超标的空气后，血液中氧的饱和度下降，会造成人体缺氧窒息，甚至死亡。

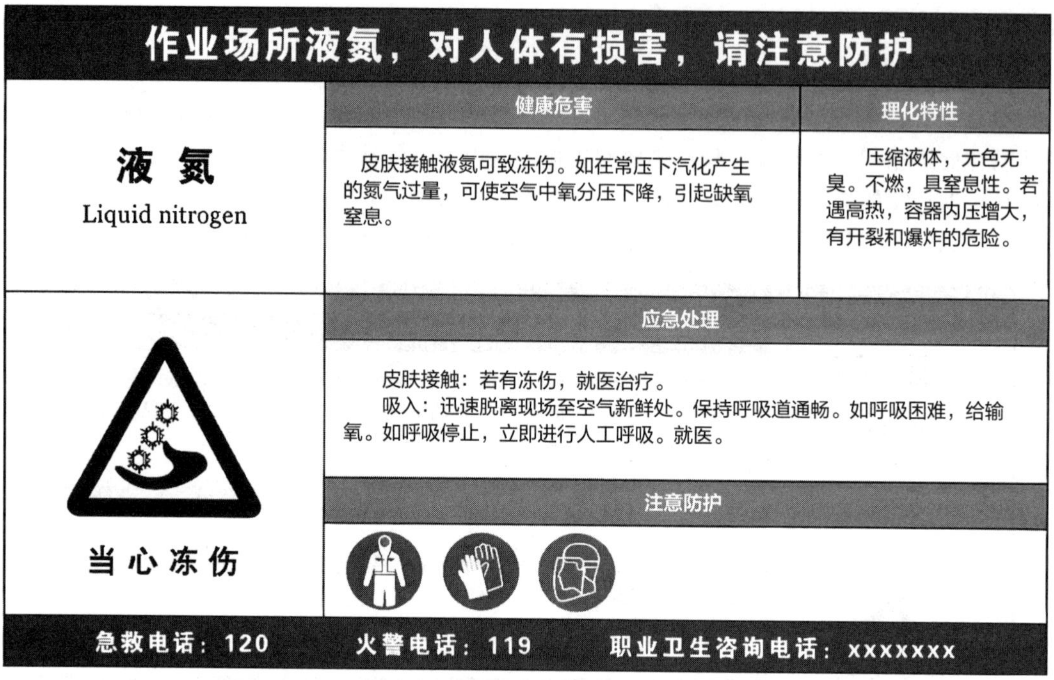

图 7-2　液氮职业危害告知牌

吸入高浓度氧气人体也会发生氧中毒，在常压下，当人吸入的气体中氧的含量超过 40％时，会出现呼吸困难，较为严重者会发生肺部水肿，甚至出现呼吸困难。当吸入的气体中氧的含量超过 80％时，会出现头晕目眩、心率过快、浑身无力、面部肌肉抽动，甚至全身抽搐、昏迷、呼吸衰竭和死亡等现象。长期处于氧分压为 60～100kPa（相当于吸入氧浓度 40％左右）的条件下可发生眼损害。

5. 雷电危害

雷电的发生具有不确定性，因其瞬时性和强放电性，对空分设备的正常生产和安全运行构成比较严重的威胁。

雷电对空分装置的影响主要表现在以下几个方面。一是会造成电网波动或供电中断，导致压缩机、泵等动力设备停运或损坏。如果压缩机停运，必将导致向空分塔输送的原料空气中断，下塔液位猛涨，有可能倒灌入膨胀机，造成严重后果；原料空气中断代表自供仪表气中断，届时气关式阀门全开，将导致严重后果。如果油泵停运，极易造成高速运转的膨胀机的轴承得不到强制润滑而出现故障，甚至可能导致烧瓦事故。二是雷击能造成分子筛的电感式直流接近开关损坏，造成分子筛电加热器因联锁而无法启动。三是雷击还能够造成空分装置电子电气设备损坏，中控系统瘫痪，随即空分设备停车，导致后续生产的停止，严重时造成难以预料的事故，后果不堪设想。

二、空分岗位危险防护措施

1. 综合防雷措施

采用外部防雷、内部防雷和共用接地系统的综合防护。外部防雷系统是对直击雷的防护，由接闪器、引下线和接地装置组成；内部防雷系统主要是对雷电电磁脉冲的防护，由等电位连接系统、屏蔽系统、合理布线系统和防浪涌保护器等组成。共用接地系统是将各部分防雷装置、建筑物金属构件低压配电保护线、等电压连接带、设备保护接地、屏蔽体接地、防静电接地及接地装置等连接在一起的接地系统。

2. 设备、管道内表面的脱脂

脱脂是保证空分设备安全的必要条件，空分设备在投入运行时，空分设备与空气、液态空气接触的内表面须脱脂处理，这是一个非常重要工作，不但可以防爆，还可以防止低温油脂附着在设备表面，影响热量交换，从而影响空分设备的运行工况。

3. 分子筛设备的安装保障

分子筛是去除空气中杂质的重要设备，目前主要采用分子筛与氧化铝来吸附空气中的水蒸气、一氧化碳、二氧化碳、甲烷等。其中二氧化碳的去除是重中之重，因为二氧化碳在低温状态下会凝结成干冰，堵塞通道。因此，分子筛填料的填充也不得混乱，必须按除去杂质的顺序来分层、密实填充。

4. 密封气保障

空压机、膨胀机在启动前，气室与润滑系统是靠一路可靠的氮气或压缩空气来隔断的，空压机启动后，用本体的空气压力来满足生产要求，一旦空压机停车，密封气必须及时阻隔润滑油不得侵入到气室。因此，密封气在空分设备投入运行前必须是可靠的。

5. 建立完善的监测体系及报警系统

空分设备应安装相应报警系统，若环境恶化时，能够启动预警系统和有效措施，把有害物质控制在标准之内。采用高、精、尖检测仪表，实现空分气源及设备内有害杂质的在线和离线监测。监测对象包括：乙炔、甲烷、总碳、二氧化碳、氧化亚氮等有害物质。

📝 课后习题

1. 当人吸入的气体中氧的含量超过_____时，会出现呼吸困难，较为严重者会发生肺部水肿，甚至出现呼吸困难。当吸入的气体中氧的含量超过_____时，会出现头晕目眩、浑身无力、面部肌肉抽动，甚至昏迷。

2. 氧化亚氮属于堵塞组分，一旦在主冷中以固体状态析出后，极易形成_____或_____，会造成碳氢化合物的积聚。

3. 空分装置的_____、_____产品均属窒息性的气体。

4. 空分装置中_____、_____和_____等杂质能够制造引爆源。

5. 在空分装置中，可燃物主要是指_____或_____。

单元 2　气化岗位危害因素分析及防护

本单元的任务是识别气化岗位危险源，了解气化岗位相关的危害因素及预防和防护措施。

🌱 课前预习

1. 查阅资料，填写以下气化岗位易燃易爆、有毒有害物质性质及危害特性。

项目	自燃点/℃	爆炸极限(体积分数)/%		性质及危害
		下限	上限	
一氧化碳				
氢气				
氨				
硫化氢				
甲烷				

2. 查阅资料，制作一氧化碳职业危害告知牌。

作业场所产生一氧化碳，对人体有损害，请注意防护		
一氧化碳 Carbon monoxide	健康危害 _____ _____ _____ _____	理化特性 _____ _____ _____
⚠️☠️ **当心中毒**	应急处理 _____ _____ _____ _____ 防护措施 　　工作场所空气中时间加权平均容许浓度(PC-TWA)不超过_____ mg/m³,短时间接触容许浓度(PC-STEL)不超过_____ mg/m³,立即威胁生命或健康的浓度(IDLH)为_____ mg/m³。无警示性。严加密闭,提供充分的局部排风,注意呼吸系统防护。禁止明火、火花、高热,使用防爆电器和照明设备。工作场所禁止饮食、吸烟。 注意防护 😷 👢 🌀 🧥 🧤 **注意通风**	
急救电话：120	消防电话：119	

📁 知识准备

一、气化岗位危害种类

1. 爆炸、火灾危害

煤气化装置生产过程中的物料大部分具有易燃易爆性，如氢气、硫化氢、一氧化碳、甲醇、甲烷、氨、煤粉尘等，一旦发生泄漏或其他事故，很容易在空气中形成爆炸性混合物。例如，当煤气中含氧量超过 2% 时，遇火花或其他激发源（摩擦、高温、静电等）极易发生恶性爆炸，即使少量氧气进入煤气中（1%），在压送和除尘等易发生火花的设备内也可能引起爆炸。

为防止此类危险，需要注意以下方面：a. 开车初期，气化炉气体抽引置换完全，确认使进入炉内的空气全部反应，防止剩余的氧气混入煤气中；b. 升温及开、停车过程中注意防止发生物料互窜；c. 注意气化炉冷却水充足、防止干烧；d. 气化炉等停车后和开车前用氮气进行彻底置换，并取样分析监测；e. 确保运煤系统除尘装置、密闭罩工作正常；f. 合规操作，按规定检修设备、安全阀等安全附件，确保阀门动作灵活。

出现爆炸、火灾紧急情况后，要保持镇定，忙而不乱。首先要判断正确，同时要及时汇报给相关人员，通知前后工序，启动相应事故应急救援方案，进行紧急处理。

2. 中毒危害

煤气化装置生产过程中接触到的物料（一氧化碳、硫化氢、氨、甲醇等）大部分有毒，当维修人员进入这些设备内部进行维修作业，或者储存这些物料的设备、容器或管道发生泄漏时，就有可能发生中毒危害。若操作环境中长期存在着低浓度的有毒物质，也可使操作人员患上职业病。生产中，避免泄漏事故的发生、加强检测报警和个人防护是防止中毒危害的主要措施。

为防止此类危险，需要注意以下方面：a. 原始开车按规定试压、试漏；b. 定期检查检修设备、管道、阀门等连接处或转动部分，确保密封良好；c. 事故状态时，操作人员需按规定穿戴防护器材，进入现场工作；d. 进入储罐和设备检修前，设备需要彻底进行清理置换。

对于中毒的处理及防护：一旦发现急性中毒者，应立即使其脱离现场，移至新鲜空气处，解开领口，保持呼吸畅通，并注意保暖，一般轻度中毒者可随时观察，重度中毒者应及时抢救，如呼吸停止应做人工呼吸，直至医务人员到达。现场作业应注意观察风向，如有工艺气泄漏应站在上风口；进入有毒区域工作时，若情况不明应佩戴有效的防毒面具，并有专人监护。

3. 呼吸系统危害

在煤化工生产作业过程中，煤块破碎、转运等环节都会伴随大量煤尘的产生，煤尘除能引起火灾、爆炸外，对人体也会产生危害，职工长时间处于该种工作环境中，有可能会患上煤工尘肺职业病。图 7-3 为煤尘职业危害告知牌。

吸入肺部的粉尘量达到一定浓度后，会导致肺部组织发生纤维化病变，并逐渐硬化，失去正常的呼吸功能，导致尘肺病。它主要通过呼吸道侵入人体，侵害部位主要是呼吸道、肺等，常见的症状有咳嗽、咳痰、胸痛、气短等，严重的可造成尘肺并发症。此外，煤尘对眼

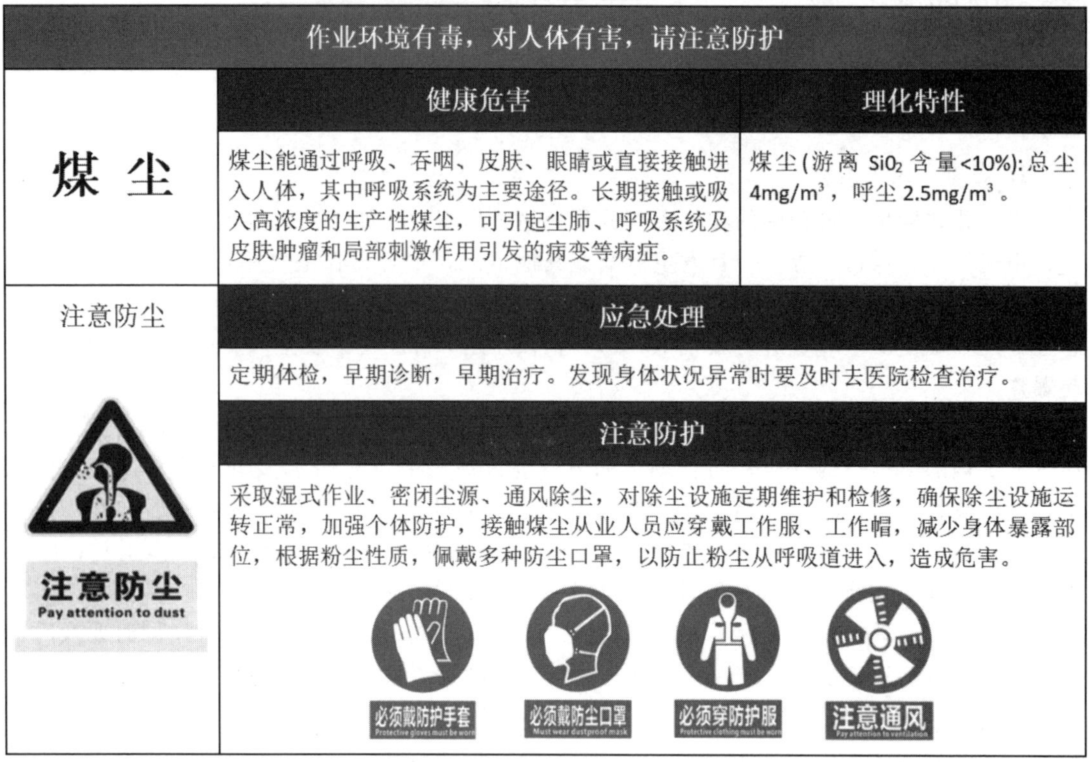
作业环境有毒，对人体有害，请注意防护
煤 尘
健康危害
理化特性
煤尘能通过呼吸、吞咽、皮肤、眼睛或直接接触进入人体，其中呼吸系统为主要途径。长期接触或吸入高浓度的生产性煤尘，可引起尘肺、呼吸系统及皮肤肿瘤和局部刺激作用引发的病变等病症。
煤尘(游离 SiO_2 含量<10%): 总尘 $4mg/m^3$，呼尘 $2.5mg/m^3$。
注意防尘
应急处理
定期体检，早期诊断，早期治疗。发现身体状况异常时要及时去医院检查治疗。
注意防护
采取湿式作业、密闭尘源、通风除尘，对除尘设施定期维护和检修，确保除尘设施运转正常，加强个体防护，接触煤尘从业人员应穿戴工作服、工作帽，减少身体暴露部位，根据粉尘性质，佩戴多种防尘口罩，以防止粉尘从呼吸道进入，造成危害。
注意防尘
Pay attention to dust
必须戴防护手套
必须戴防尘口罩
必须穿防护服
注意通风

图 7-3 煤尘职业危害告知牌

部也有刺激作用，表现为红、肿、痒、流泪等症状。

煤粉制备系统预防措施：首先要保证系统的密闭性。制煤系统应采用严格的密闭措施防止煤粉泄漏，尽量采用负压运行。输送煤粉的管道及其附件尽量采用焊接形式，同时管道改变方向的地方尽量采用厚壁的大曲率半径弯头，以防止管道弯头处磨穿；也可采用惰性气体保护，采用惰性气体稀释煤粉的浓度，不仅可以大幅度降低磨煤系统发生爆炸的可能性，同时即使发生泄漏，由于煤粉与惰性气体同时泄漏，降低了煤粉周围的氧含量，也会使泄漏出的煤粉不容易发生爆炸。

4. 窒息危害

氮气、二氧化碳对人体无毒害作用，但在环境中达到一定浓度时，人体会由于缺氧而窒息。氮气在气化生产中起着非常重要的作用，如固相物料输送、加压、吹扫、干燥都使用氮气，装置停工也需要用氮气置换。

因此，要防止气体发生泄漏，在设备检修期间，要防止违章作业，作业人员进入充有氮气的设备容器内前，要置换合格。

氮气窒息的处理及防护：迅速使患者脱离现场，移至新鲜空气处，并注意保暖。若设备密闭或出口太小，一时难以救出，应迅速向设备内输送氧气或者空气。患者脱离现场后，如呼吸已经停止，应立即对口进行人工呼吸，如心跳停止，则立即施行胸外心脏按压。要坚持做心脏复苏。图 7-4 为氮气职业危害告知牌。

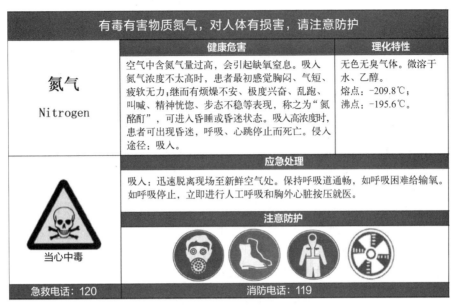

图 7-4　氮气职业危害告知牌

气化生产过程中还可能发生辐射事故，也存在噪声、高温、机械伤害、车辆伤害、触电、物体打击、起重伤害、高处坠落、坍塌、淹溺等危害因素。

二、气化岗位危险源

危险源辨识是为了明确所有可能产生或诱发风险的危害因素，对其进行预先控制，所以危险源辨识不能视同为隐患排查。隐患排查是检查已经出现的危险，排查目的更多是整改、消除隐患；而危险源辨识是识别危险源并确定其特性的过程。

煤气化生产中使用的原料、辅料、化学品及产品大部分具有易燃、易爆、有毒、有害、腐蚀等危害性。主要有毒有害物质有：煤粉尘、石灰石粉、一氧化碳、二氧化碳、氢气、硫化氢、甲烷、氨、甲醇、柴油、石油液化气、氢氧化钠等。

在煤炭气化生产过程中，装置不同段位的危险源不尽相同。例如，磨煤干燥及煤粉加压输送工序，在磨煤机、粉煤仓、给煤机、螺旋输送机等部位有煤粉、N_2 等危害物质，这些物质具有火灾、爆炸和窒息的危险；气化工序，在气化炉、LPG 制备等主要部位，会产生 CO、H_2、H_2S、COS、CO_2、NH_3、CH_4、HCN 等有害物质，具有火灾、爆炸和中毒的危险；渣锁斗和捞渣等部位，会产生 CO、H_2、H_2S、COS、CO_2、NH_3、CH_4 等有害物质，这些物质具有火灾、爆炸和中毒危险；合成气洗涤单元，在文丘里洗涤器和洗涤塔等部位，主要有 CO、H_2、H_2S、COS、CO_2、NH_3、CH_4 等危害物质，这些物质具有火灾和爆炸的危险；黑水闪蒸及黑水处理单元，在闪蒸罐和气液分离罐等部位，CO、H_2、H_2S、COS、CO_2、CH_4、HCN 等物质具有火灾、爆炸和中毒的危险；在澄清槽位置，H_2S 和 NH_3 等物质具有中毒危险；公用工程蒸汽管道、冷凝液导排部位具有烫伤、爆炸危险。图 7-5 为 Shell 煤气化过程中不同段位危险源示意图。

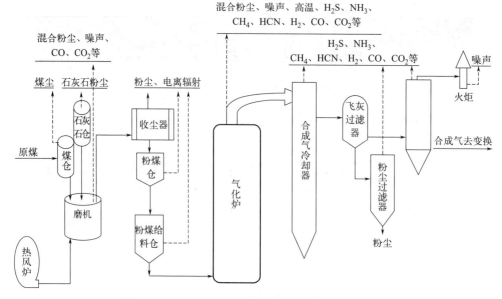

图 7-5　Shell 煤气化过程中不同段位危险源示意图

课后习题

1. 氮气窒息的处理及防护，应迅速使患者脱离现场，移至_____，并注意保暖。

2. 作业人员进入充有氮气的设备容器内前要_____。

3. 吸入肺部的粉尘量达到一定浓度后，会引起肺部组织发生纤维化病变，并逐渐硬化，失去正常的呼吸功能，导致_____病。

4. 渣锁斗和捞渣等部位，会产生 CO、H_2、H_2S、COS、CO_2、NH_3、CH_4 等有害物质，具有_____、_____和_____危险。

5. 公用工程蒸汽管道部位具有_____危险。

模块四单元 1　附图

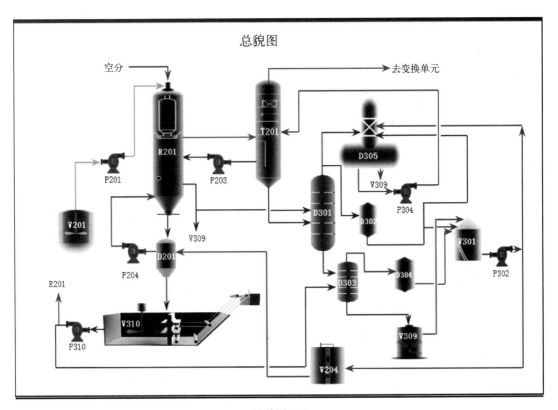

总貌图（1）

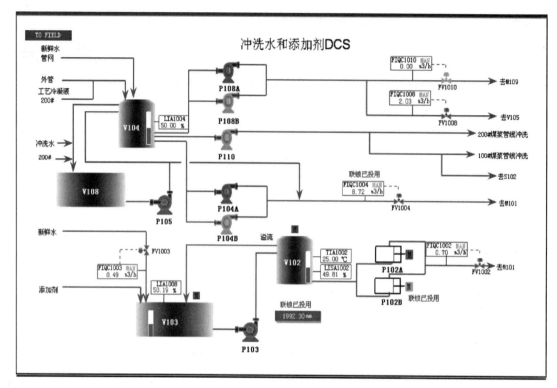

冲洗水和添加剂 DCS 图（2）

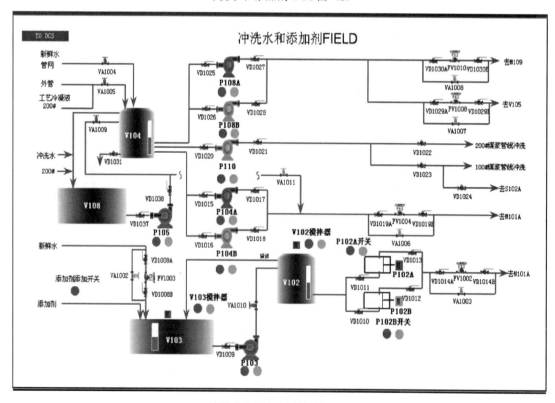

冲洗水和添加剂现场图（3）

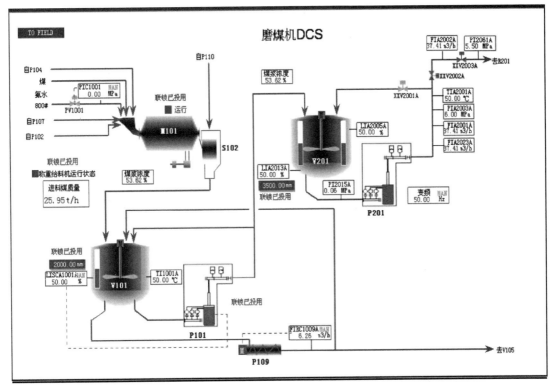

磨煤机 DCS 图（4）

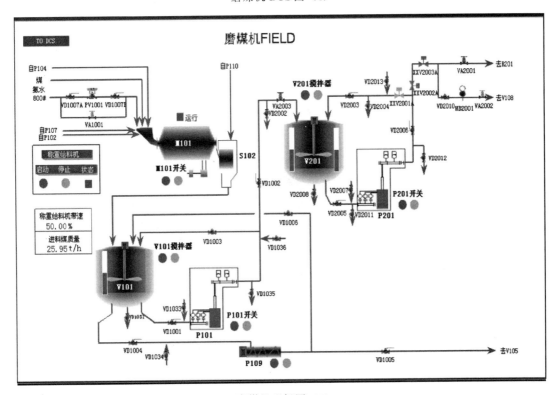

磨煤机现场图（5）

模块四单元 2 附图

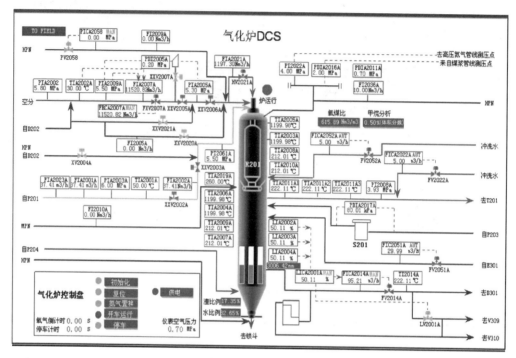

气化炉 DCS 图（1）

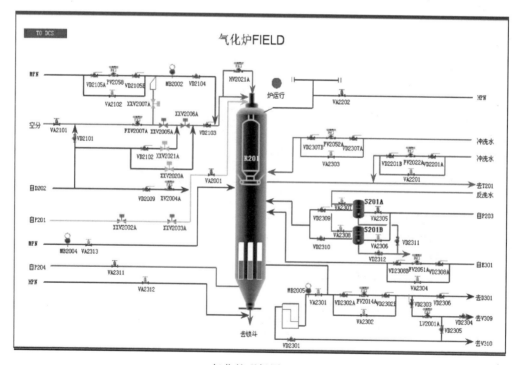

气化炉现场图（2）

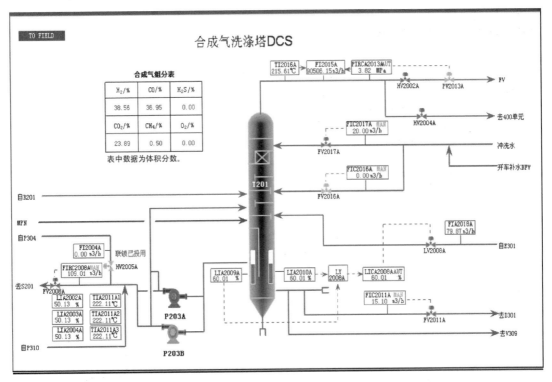

合成气洗涤塔 DCS 图（3）

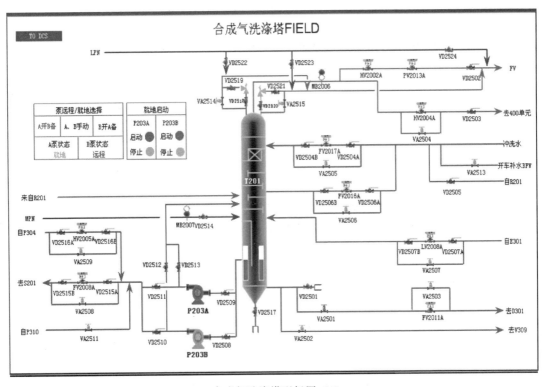

合成气洗涤塔现场图（4）

模块四单元 3　附图

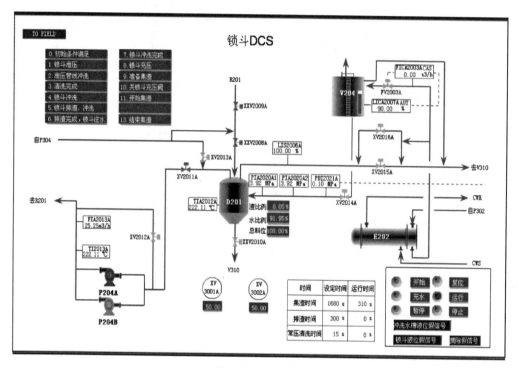

锁斗 DCS 图（1）

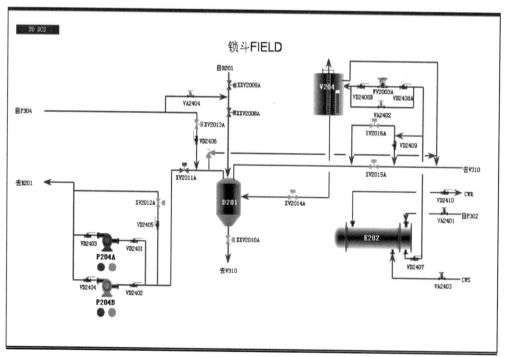

锁斗现场图（2）

模块四单元4　附图

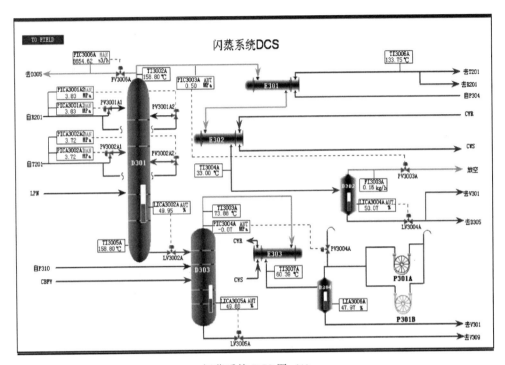

闪蒸系统 DCS 图（1）

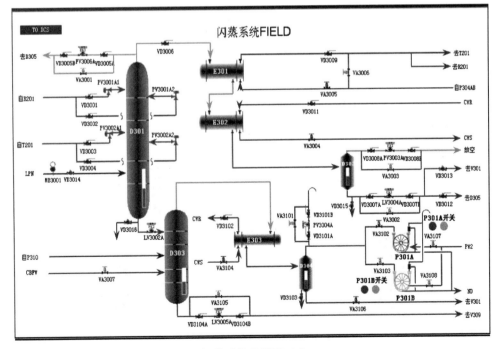

闪蒸系统现场图（2）

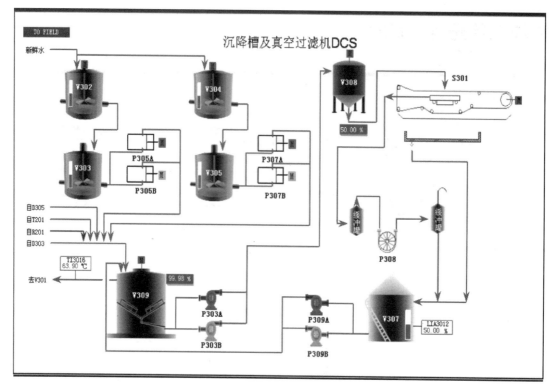

沉降槽及真空过滤机 DCS 图（3）

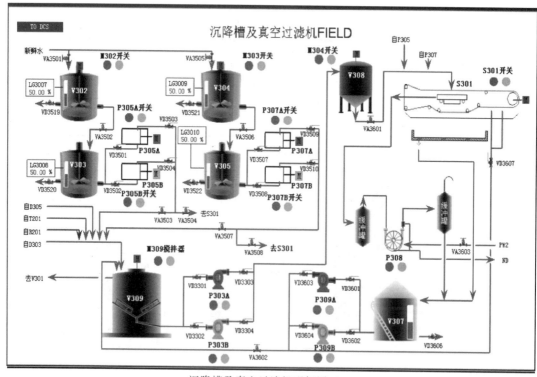

沉降槽及真空过滤机现场图（4）

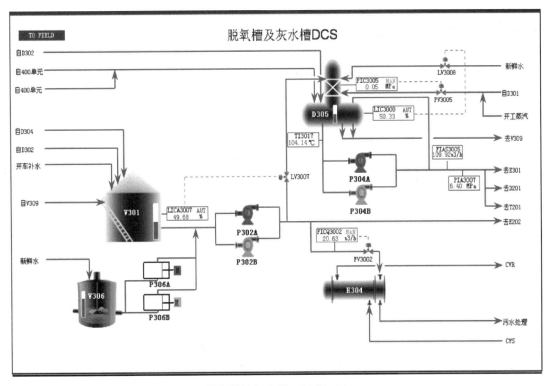

脱氧槽及灰水槽 DCS 图（5）

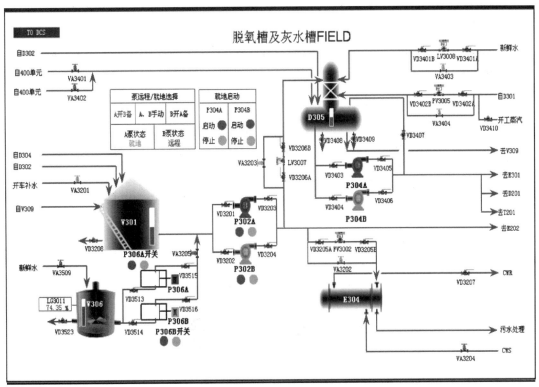

脱氧槽及灰水槽现场图（6）

模块四单元5　附图

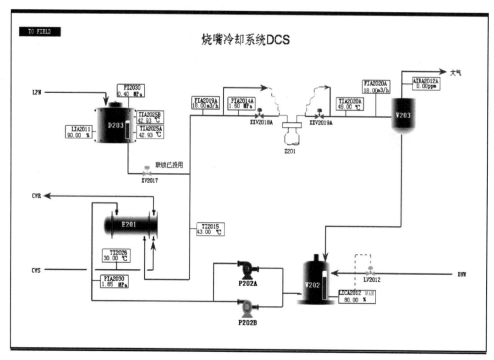

烧嘴冷却系统 DCS 图（1）

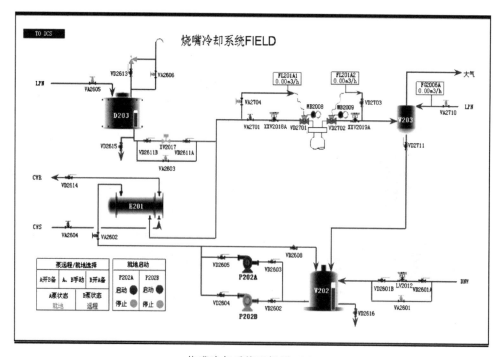

烧嘴冷却系统现场图（2）

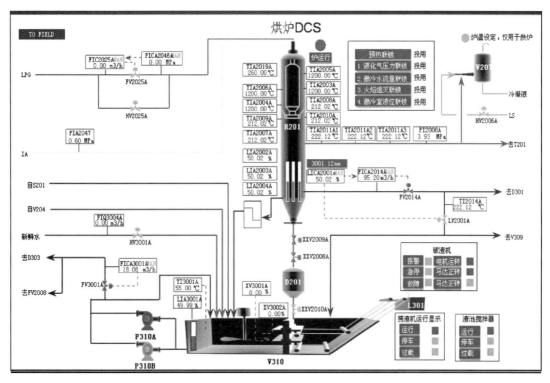

烘炉 DCS 图（3）

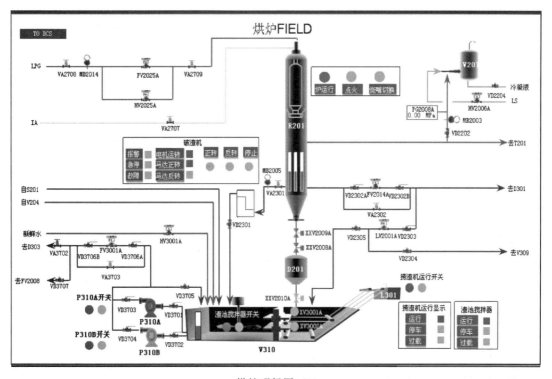

烘炉现场图（4）

模块五单元 1　附图

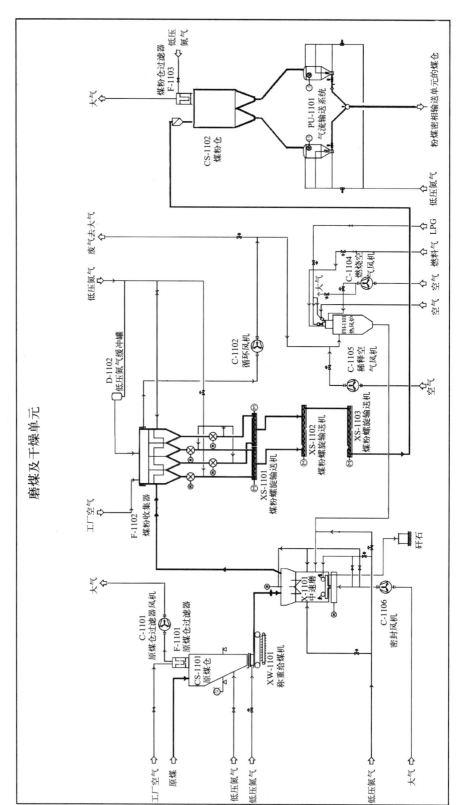

磨煤及干燥单元

磨煤及干燥单元工艺流程

模块五单元 2　附图

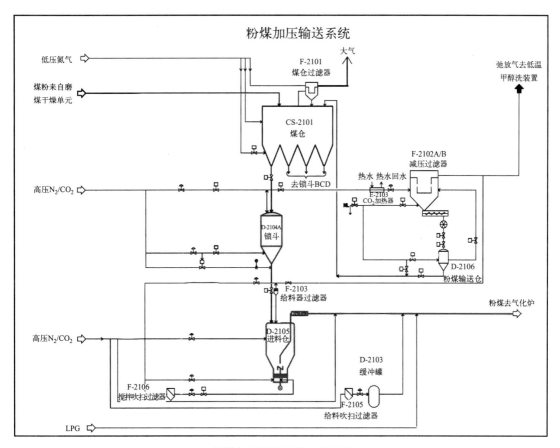

粉煤加压输送系统工艺流程

模块五单元 3　附图

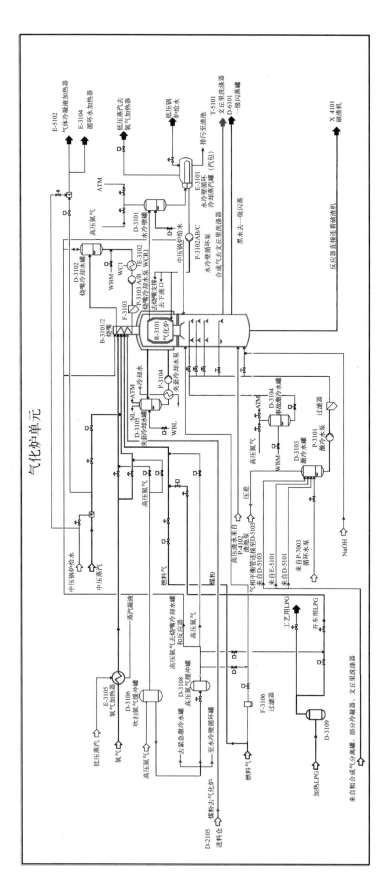

气化炉单元

气化炉单元工艺流程

模块五单元 4　附图

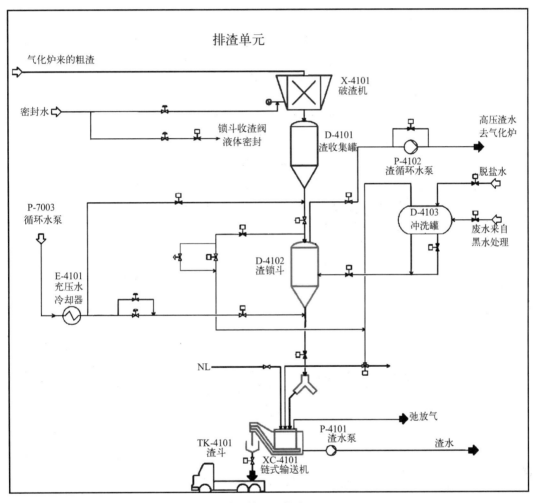

排渣单元工艺流程

模块五单元 5　附图

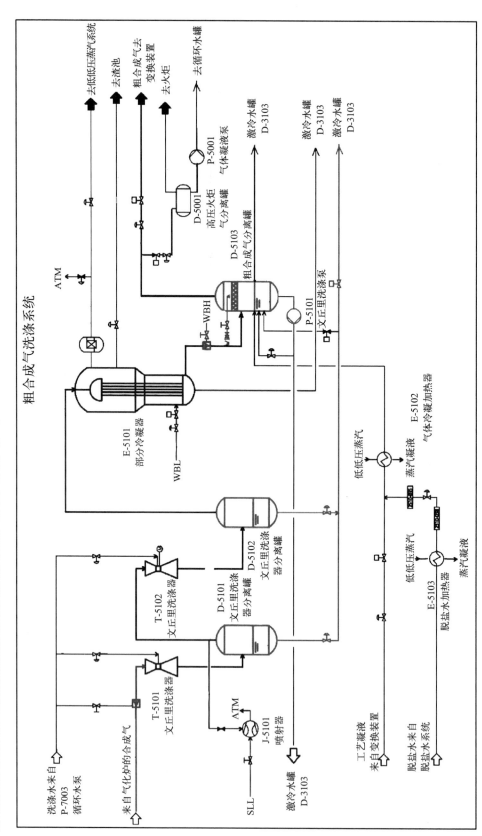

粗合成气洗涤单元工艺流程

模块五单元 6　附图

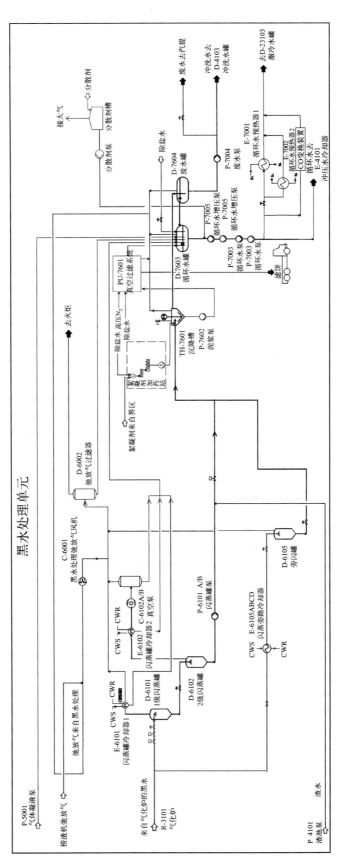

黑水处理单元工艺流程

模块六　附图

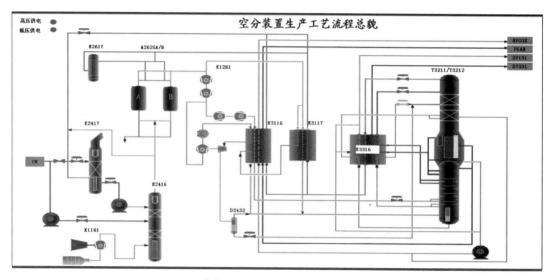

空分装置生产工艺流程总貌图（1）

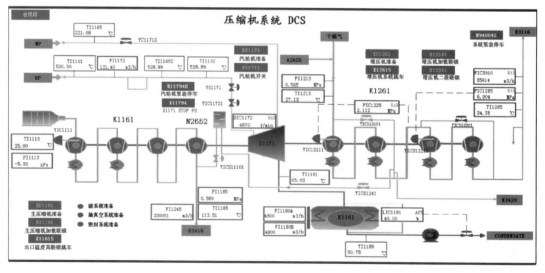

压缩机系统 DCS 图（2）

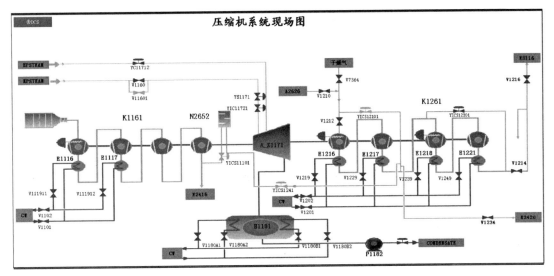

压缩机系统现场图（3）

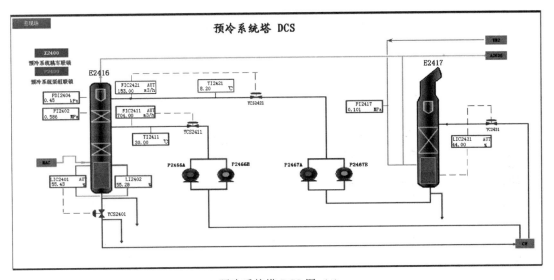

预冷系统塔 DCS 图（4）

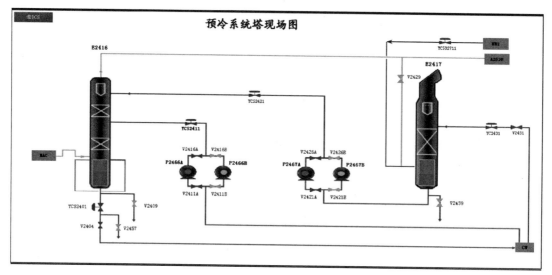

预冷系统塔现场图（5）

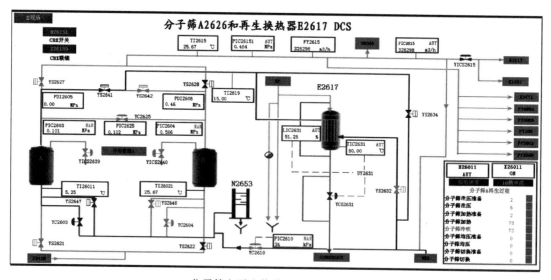

分子筛和再生换热器 DCS 图（6）

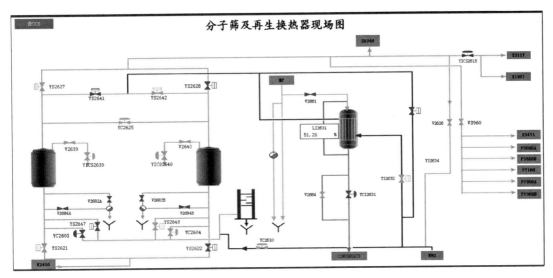

分子筛和再生换热器现场图（7）

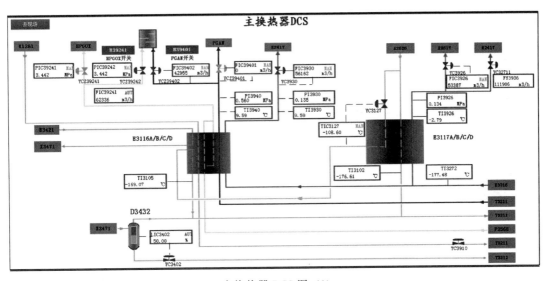

主换热器 DCS 图（8）

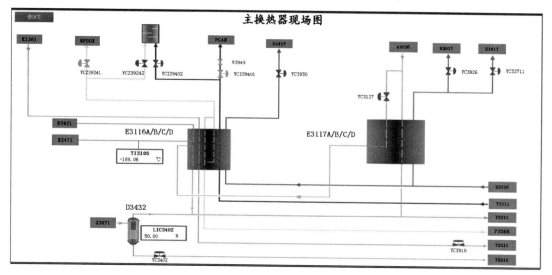

主换热器现场图（9）

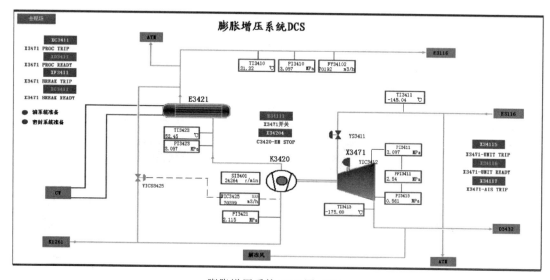

膨胀增压系统 DCS 图（10）

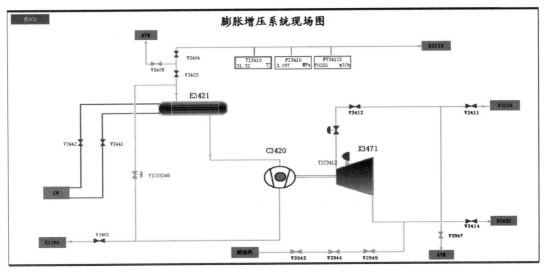

膨胀增压系统现场图（11）

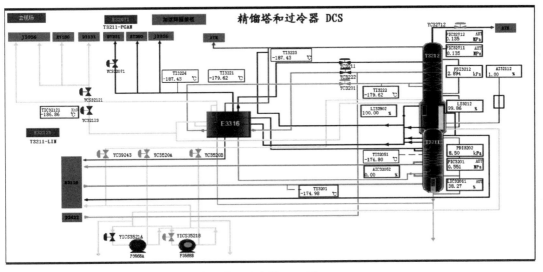

精馏塔和过冷器 DCS 图（12）

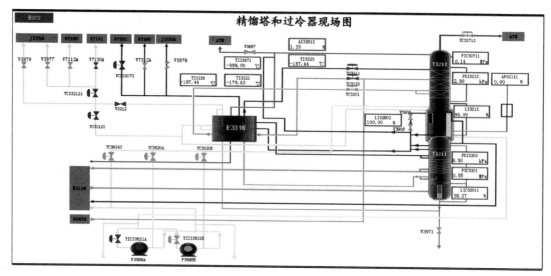

精馏塔和过冷器现场图 (13)

参考文献

［1］　乌云 . 煤炭气化工艺与操作 . 北京：北京理工大学出版社，2013.

［2］　刘军 . 煤炭气化工艺 . 北京：化学工业出版社，2005.

［3］　邵景景 . 煤炭气化工艺 . 徐州：中国矿业大学出版社，2012.

［4］　许祥静 . 煤炭气化生产技术 . 北京：化学工业出版社，2010.

［5］　王永红 . 过程检测仪表 . 北京：化学工业出版社，2010.

［6］　齐向阳 . 化工安全技术 . 北京：化学工业出版社，2012.

［7］　徐振刚，步学朋 . 煤炭气化工艺知识问答 . 北京：化学工业出版社，2008.

［8］　北京东方仿真软件技术有限公司 . 德士古水煤浆气化装置仿真系统操作手册 . 2014.

［9］　北京东方仿真软件技术有限公司 . 6 万方空分装置仿真系统操作手册，2014.

［10］　环境保护部环境工程评估中心 . 环境影响评价技术方法 . 北京：化学工业出版社，2010.

［11］　马银剑，井云环 . GSP 干煤粉气化关键技术优化研究 . 洁净煤技术，2018，24（2），134-138.

［12］　朱敏，孙永奎，马廷卫，孙西英 . 多喷嘴对置式水煤浆气化装置的优化与改进 . 化工设计通讯，2011，37（4）：65-69.

［13］　王国梁，黄斌，赵元琪，张镓铄 . 神宁炉干煤粉气化技术与工业应用 . 煤化工，2019，47（4）：12-15.

［14］　王锦，贺根良，朱春鹏，门长贵 . 煤气化技术选择依据 . 广州化工，2009，39（5）：26-31.

［15］　刘卫平 . 我国煤气化技术的特点及应用 . 化肥设计，2008，46（1）：11-16.